수학의
미래

초등 **5-2**

ViaEducation

먼저 읽어보고 다양한 의견을 준 학생들 덕분에 『수학의 미래』가 세상에 나올 수 있었습니다.

강소을	서울공진초등학교	김대현	광명가림초등학교	김동혁	김포금빛초등학교
김지성	서울이수초등학교	김채윤	서울당산초등학교	김하율	김포금빛초등학교
박진서	서울북가좌초등학교	변예림	서울신용산초등학교	성민준	서울이수초등학교
심재민	서울하늘숲초등학교	오 현	서울청덕초등학교	유하영	일산 홈스쿨링
윤소윤	서울갈산초등학교	이보림	김포가현초등학교	이서현	서울경동초등학교
이소은	서울서강초등학교	이윤건	서울신도초등학교	이준석	서울이수초등학교
이하은	서울신용산초등학교	이호림	김포가현초등학교	장윤서	서울신용산초등학교
장윤수	서울보광초등학교	정초비	안양희성초등학교	천강혁	서울이수초등학교
최유현	고양동산초등학교	한보윤	서울신용산초등학교	한소윤	서울서강초등학교
황서영	서울대명초등학교				

그밖에 서울금산초등학교, 서울남산초등학교, 서울대광초등학교, 서울덕암초등학교,
서울목원초등학교, 서울서강초등학교, 서울은천초등학교, 서울자양초등학교,
세종온빛초등학교, 인천계양초등학교 학생 여러분께 감사드립니다.

머리말

1 '수학의 시대'에 필요한 진짜 수학

여러분은 새로운 시대에 살고 있습니다. 인류의 삶 전반에 큰 변화를 가져올 '제4차 산업혁명'의 시대 말입니다. 새로운 시대에는 시험 문제로만 만났던 '수학'이 우리 일상의 중심이 될 것입니다. 영국 총리 직속 연구위원회는 "수학이 인공 지능, 첨단 의학, 스마트 시티, 자율 주행 자동차, 항공 우주 등 제4차 산업혁명의 심장이 되었다. 21세기 산업은 수학이 좌우할 것"이라는 내용의 보고서를 발표하기도 했습니다. 여기서 말하는 '수학'은 주어진 문제를 풀고 답을 내는 수동적인 '수학'이 아닙니다. 이런 역할은 기계나 인공 지능이 더 잘합니다. 제4차 산업혁명에서 중요하게 말하는 수학은 일상에서 발생하는 여러 사건과 상황을 수학적으로 사고하고 수학 문제로 바꾸어 해결할 수 있는 능력, 즉 일상의 언어를 수학의 언어로 전환하는 능력입니다. 주어진 문제를 푸는 수동적 역할에서 벗어나 지식의 소유자, 능동적 발견자가 되어야 합니다.

『수학의 미래』는 미래에 필요한 수학적인 능력을 키워 줄 것입니다. 하나뿐인 정답을 찾는 것이 아니라 문제를 해결하는 다양한 생각을 끌어내고 새로운 문제를 만들 수 있는 능력을 말합니다. 물론 새 교육과정과 핵심 역량도 충실히 반영되어 있습니다.

2 학생의 자존감 향상과 성장을 돕는 책

수학 때문에 마음에 상처를 받은 경험이 누구에게나 있을 것입니다. 시험 성적에 자존심이 상하고, 너무 많은 훈련에 지치기도 하고, 하고 싶은 일이나 갖고 싶은 직업이 있는데 수학 점수가 가로막는 것 같아 수학이 미워지고 자신감을 잃기도 합니다.

이런 수학이 좋아지는 최고의 방법은 수학 개념을 연결하는 경험을 해 보는 것입니다. 개념과 개념을 연결하는 방법을 터득하는 순간 수학은 놀랄 만큼 재미있어집니다. 개념을 연결하지 않고 따로따로 공부하면 공부할 양이 많게 느껴지지만 새로운 개념을 이전 개념에 차근차근 연결해 나가면 머릿속에서 개념이 오히려 압축되는 것을 느낄 수 있습니다.

이전 개념과 연결하는 비결은 수학 개념을 친구나 부모님에게 설명하고 표현하는 것입니다. 이 과정을 통해 여러분 내면에 수학 개념이 차곡차곡 축적됩니다. 탄탄하게 개념을 쌓았으므로 어

떤 문제 앞에서도 당황하지 않고 해결할 수 있는 자신감이 생깁니다.

『수학의 미래』는 수학 개념을 외우고 문제를 푸는 단순한 학습서가 아닙니다. 여러분은 여기서 새로운 수학 개념을 발견하고 연결하는 주인공 역할을 해야 합니다. 그렇게 발견한 수학 개념을 주변 사람들에게나 자신에게 항상 소리 내어 설명할 수 있어야 합니다. 설명하는 표현학습을 통해 수학 지식은 선생님의 것이나 교과서 속에 있는 것이 아니라 여러분의 것이 됩니다. 자신의 것으로 소화하게 된다는 말이지요. 『수학의 미래』는 여러분이 수학적 역량을 키워 사회에 공헌할 수 있는 인격체로 성장할 수 있게 도와줄 것입니다.

3 스스로 수학을 발견하는 기쁨

수학 개념은 처음 공부할 때가 가장 중요합니다. 처음부터 남에게 배운 것은 자기 것으로 소화하기가 어렵습니다. 아직 소화하지도 못했는데 문제를 풀려 들면 공식을 억지로 암기할 수밖에 없습니다. 좋은 결과를 기대할 수 없지요.

『수학의 미래』는 누가 가르치는 책이 아닙니다. 자기 주도적으로 학습해야만 이 책의 목적을 달성할 수 있습니다. 전문가에게 빨리 배우는 것보다 조금은 미숙하고 늦더라도 혼자 힘으로 천천히 소화해 가는 것이 결과적으로는 더 빠릅니다. 친구와 함께할 수 있다면 더욱 좋고요.

『수학의 미래』는 예습용입니다. 학교 공부보다 2주 정도 먼저 이 책을 펼치고 스스로 할 수 있는 데까지 해냅니다. 너무 일찍 예습을 하면 실제로 배울 때는 기억이 사라져 별 효과가 없는 경우가 많습니다. 2주 정도의 기간을 가지고 한 단원을 천천히 예습할 때 가장 효과가 큽니다. 그리고 부족한 부분은 학교에서 배우며 보완합니다. 이 책을 가지고 예습하다 보면 의문점도 많이 생길 것입니다. 그 의문을 가지고 수업에 임하면 수업에 집중할 수 있고 확실히 깨닫게 되어 수학을 발견하는 기쁨을 누리게 될 것입니다.

전국수학교사모임 미래수학교과서팀을 대표하여

최수일 씀

복잡하고 어려워 보이는 수학이지만 개념의 연결고리를 찾을 수 있다면 쉽고 재미있게 접근할 수 있어요. 멋지고 튼튼한 집을 짓기 위해서 치밀한 설계도가 필요한 것처럼 여러분 머릿속에 수학의 개념이라는 큰 집이 자리 잡기 위해서는 체계적인 공부 설계가 필요하답니다. 개념이 어떻게 적용되고 연결되며 확장되는지 여러분 스스로 발견할 수 있도록 선생님들이 꼼꼼하게 설계했어요!

단원 시작

수학 학습을 시작하기 전에 무엇을 배울지 확인하고 나에게 맞는 공부 계획을 세워 보아요. 선생님들이 표준 일정을 제시해 주지만, 속도는 목표가 될 수 없습니다. 자신에게 맞는 공부 계획을 세우고, 실천해 보아요.

복습과 예습을 한눈에 확인해요!

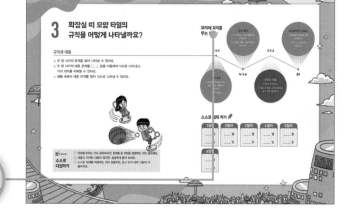

기억하기

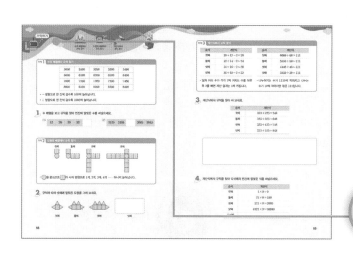

새로운 개념을 공부하기 전에 이전에 배웠던 '연결된 개념'을 꼭 확인해요. 아는 내용이라고 지나치지 말고 내가 제대로 이해했는지 확인해 보세요. 새로운 개념을 공부할 때마다 어떤 개념에서 나왔는지 확인하는 습관을 가져 보세요. 앞으로 공부할 내용들이 쉽게 느껴질 거예요.

배웠다고 만만하게 보면 안 돼요!

새로운 개념과 만나기 전에 탐구하고 생각해야 풀 수 있는 '열린 질문'으로 이루어져 있어요. 처음에는 생각해 내기 어려울 수 있지만 개념 연결과 추론을 통해 문제를 해결할 수 있다면 자신감이 두 배는 생길 거예요. 한 가지 정답이 아니라 다양한 생각, 자유로운 생각이 담긴 나만의 답을 써 보세요. 깊게 생각하는 힘, 수학적으로 생각하는 힘이 저절로 커져서 어떤 문제가 나와도 당황하지 않게 될 거예요.

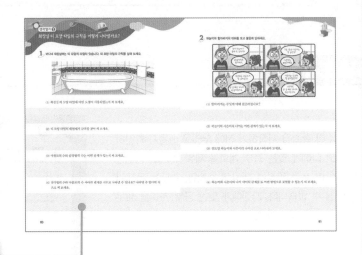

내 생각을 자유롭게 써 보아요!

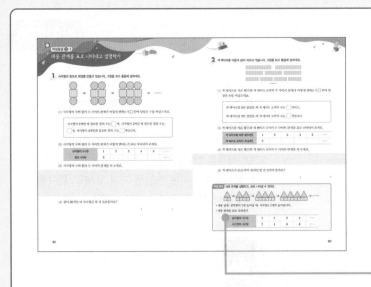

'생각열기'에서 나온 개념이나 정의 등을 한눈에 확인할 수 있게 정리했어요. 또한 개념이 적용된 다양한 예제를 통해 기본기를 다질 수 있어요. '생각열기'와 짝을 이루어 단원에서 배워야 할 주요한 개념과 원리를 알려 주어요.

개념의 핵심만 추렸어요!

6

표현하기·선생님 놀이

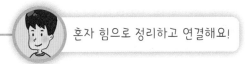

혼자 힘으로 정리하고 연결해요!

새로 배운 개념을 혼자 힘으로 정리하고, 관련된 이전 개념을 연결해요. 수학 개념은 모두 연결되어 있어서 그 연결고리를 찾아가다 보면 '아, 그렇구나!' 하는, 공부의 재미를 느끼는 순간이 찾아올 거예요.

친구나 부모님에게 설명해 보세요!

문제를 모두 풀었다고 해도 설명을 할 수 없으면 이해하지 못한 거예요. '선생님 놀이'에서 말로 설명을 하다 보면 내가 무엇을 모르는지, 어디서 실수했는지를 스스로 발견하고 대비할 수 있어요.

7

개념을 완벽히 이해했다면 실제 시험에 대비하여 문제를 풀어 보아요. 다양한 문제에 대처할 수 있도록 난이도와 문제의 형식에 따라 '기본'과 '심화'로 나누었어요. '기본'에서는 개념을 복습하고 확인해요. '심화'는 한 단계 나아간 문제로, 일상에서 벌어지는 다양한 상황이 문장제로 나와요. 생활 속에서 일어나는 상황을 수학적으로 이해하고 식으로 써서 답을 내는 과정을 거치다 보면 내가 왜 수학을 배우는지, 내 삶과 수학이 어떻게 연결되는지 알 수 있을 거예요.

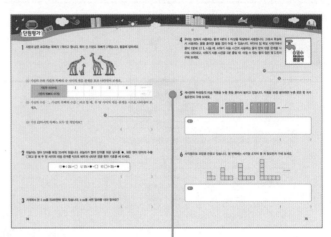

문장제까지 해결하면 자신감이 쑥쑥!

『수학의 미래』는 혼자서 개념을 익히고 적용할 수 있도록 설계되었기 때문에 해설을 잘 활용해야 해요. 문제를 푼 후에 답과 해설을 확인하여 여러분의 생각과 비교하고 수정해보세요. 그리고 '선생님의 참견'에서는 선생님이 문제를 낸 의도를 친절하게 설명했어요. 의도를 알면 문제의 핵심을 알 수 있어서 쉽게 잊히지 않아요.

문제의 숨은 뜻을 꼭 확인해요!

차례

1 텔레비전 프로그램의 ⑮ 표시는 무슨 뜻인가요?

수의 범위와 어림하기

✹ 이상과 이하, 초과와 미만의 의미를 알고 수직선으로 나타낼 수 있어요.

✹ 이상, 이하, 초과, 미만을 활용한 문제를 해결할 수 있어요.

✹ 올림, 버림, 반올림의 의미를 알 수 있어요.

✹ 올림, 버림, 반올림을 활용한 문제를 해결할 수 있어요.

☑ Check

**스스로
다짐하기**

☐ 정확하고 빠른 것이 중요하지만, 왜 그런지 답할 수 있어야 해요.

☐ 설명하는 글을 쓸 때 다른 사람이 읽고 이해할 수 있게 써 보세요.

☐ 배운 내용을 어디에 사용할 수 있을지 생각해 보세요.

꼬리에 꼬리를 무는 개념 ✦

길이 재기
- 길이를 1 m와 1 cm로 나타내기
- 물건의 길이나 거리를 어림하기
- 길이의 덧셈과 뺄셈

2-1-4

소수의 나눗셈
- (소수)÷(소수)의 계산하기
- 나눗셈의 몫을 반올림하여 나타내기
- 나누어 주고 남은 양 계산하기

5-2-1

길이 재기
- 직접 비교와 간접 비교하기
- 임의 단위로 길이 재기
- 표준 단위 1 cm로 길이 재기
- 양감 기르기

2-2-3

수의 범위와 어림하기
- 이상, 이하, 초과, 미만 의미 알고 관련 문제 해결하기
- 올림, 버림, 반올림 의미 알고 관련 문제 해결하기

6-2-2

스스로 계획 짜기 ✏

1일차	2일차	3일차	4일차	5일차
_____월 _____일	_____월 _____일	_____월 _____일	_____월 _____일	_____월 _____일

6일차
_____월 _____일

기억하기

수의 순서와 크기
비교하기
약 몇 cm로
어림하기
약 몇 m로
어림하기

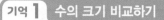

기억 1　수의 크기 비교하기

10개씩 묶음을 나타낸 수를 비교한 후, 낱개로 나타낸 수를 비교합니다.

29 ＜ 31

10개씩 묶음	낱개
2	9

10개씩 묶음	낱개
3	1

➡ 29는 31보다 작습니다. 또는 31은 29보다 큽니다.

 더 큰 수에 ○표 해 보세요.

30	29

기억 2　약 몇 cm로 어림하기

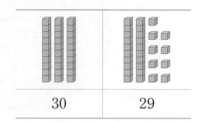

색연필의 길이는 약 5 cm입니다.

2 연필과 머리핀의 길이를 어림하여 □ 안에 알맞은 수를 써넣으세요.

(1)

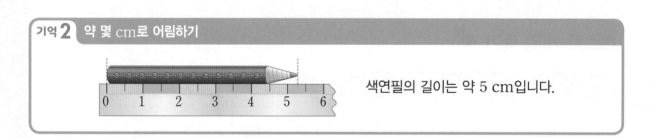

➡ 약 [　] cm

(2)

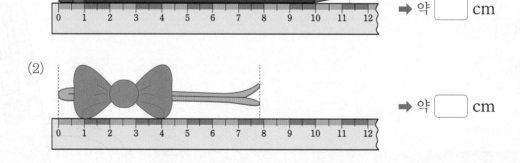

➡ 약 [　] cm

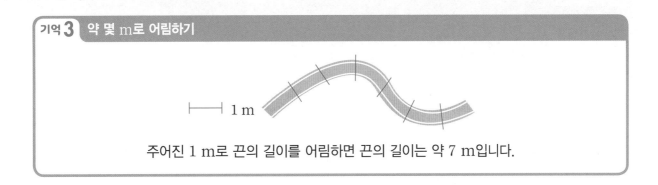

주어진 1 m로 끈의 길이를 어림하면 끈의 길이는 약 7 m입니다.

3 □ 안에 알맞은 수를 써넣으세요.

(1) 주어진 1 m로 끈의 길이를 어림하면 끈의 길이는 약 ☐ m입니다.

(2) 동생의 키가 1 m라고 할 때, 첨성대의 높이는 약 ☐ m입니다.

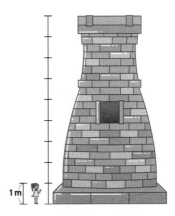

(3) 동생의 키가 1 m라고 할 때, 정글짐의 높이는 약 ☐ m입니다.

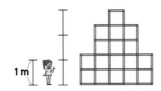

텔레비전 프로그램의 ⑮ 표시는 무슨 뜻인가요?

[1~3] 대화를 보고 물음에 답하세요.

 위 상황에서 어떤 문제가 생겼는지 설명해 보세요.

 나에게도 비슷한 경험이 있었는지 써 보세요.

 나는 비행기 놀이 기구를 탈 수 있을까요?

[4~6] 대화를 보고 물음에 답하세요.

 4 위 상황에서 어떤 문제가 생겼는지 설명해 보세요.

 5 나에게도 비슷한 경험이 있었는지 써 보세요.

 6 '이상', '이하', '초과', '미만'이라는 말을 들어 본 경험이 있나요?

이상과 이하

1 산이네 모둠 학생들의 줄넘기 횟수를 나타낸 표를 보고 물음에 답하세요.

학생별 줄넘기 횟수

이름	선우	수지	산	효진	민혁	누리
횟수(회)	72	86	52	90	103	91

(1) 줄넘기 횟수가 90회와 같거나 많은 학생의 이름과 그 횟수를 모두 써 보세요.

(2) 줄넘기 횟수가 90회와 같거나 적은 학생의 이름과 그 횟수를 모두 써 보세요.

(3) (1)과 (2)에 모두 속하는 사람은 누구인가요? 그 이유는 무엇인가요?

개념 정리 이상과 이하

• 90, 91, 103 등과 같이 90과 같거나 큰 수를 90 이상인 수라 하고, 수직선에 다음과 같이 나타냅니다.

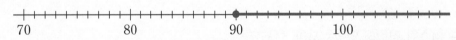

• 52, 72, 86, 90 등과 같이 90과 같거나 작은 수를 90 이하인 수라 하고, 수직선에 다음과 같이 나타냅니다.

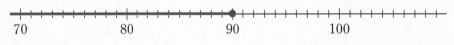

2 롤러코스터 앞에 다음과 같은 표지판이 있습니다. 물음에 답하세요.

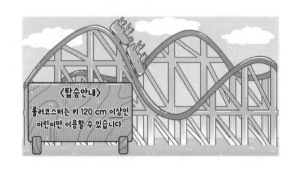

(1) 롤러코스터를 탈 수 있는 경우를 찾아 ○표 해 보세요.

115 cm	123 cm	140 cm	119 cm	118 cm	120 cm
125 cm	141 cm	121 cm	139 cm	122 cm	117 cm

(2) "롤러코스터는 키 120 cm <u>이상</u>인 어린이만 이용할 수 있습니다."에서 '120 이상'을 수직선에 나타내어 보세요.

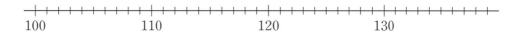

3 하늘이는 할머니 댁에 가기 위해 고속도로를 달리고 있습니다. 도로 표지판을 보고 어머니와 나눈 대화를 읽고 물음에 답하세요.

엄마, 표지판에 100이 쓰여 있어요.

그건 속도 제한 표시야.

그럼 시속 100 km로 달리라는 거예요?

아니~ 시속 100 km <u>이하</u>로 달려야 한다는 뜻이란다.

(1) 제한 속도를 지킨 경우를 찾아 ○표 해 보세요.

시속 101 km	시속 123 km	시속 100 km	시속 110 km	시속 60 km
시속 98 km	시속 88 km	시속 55 km	시속 140 km	시속 70 km

(2) "시속 100 km <u>이하</u>로 달려야 한다는 뜻이란다."에서 '100 이하'를 수직선에 나타내어 보세요.

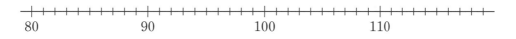

개념활용 1-2
초과와 미만

1 강이네 모둠 학생들의 제자리멀리뛰기 기록을 나타낸 표를 보고 물음에 답하세요.

학생별 제자리멀리뛰기 기록

이름	선우	수지	강	효진	민혁	누리
거리(cm)	141.1	134.7	149.0	145.0	148.7	128.7

(1) 제자리멀리뛰기를 한 거리가 145 cm보다 긴 학생의 이름과 그 기록을 모두 써 보세요.

(2) 제자리멀리뛰기를 한 거리가 145 cm보다 짧은 학생의 이름과 그 기록을 모두 써 보세요.

(3) (1)과 (2)에 모두 속하지 않는 사람은 누구인가요? 그 이유는 무엇인가요?

개념 정리 초과와 미만

• 148.7, 149.0 등과 같이 145보다 큰 수를 145 초과인 수라 하고 수직선에 다음과 같이 나타냅니다.

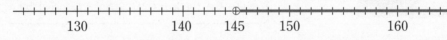

• 128.7, 134.7, 141.1 등과 같이 145보다 작은 수를 145 미만인 수라 하고 수직선에 다음과 같이 나타냅니다.

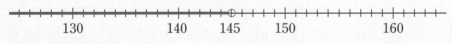

---

2 바다는 어머니와 도로를 달리던 중에 다음과 같은 표지판을 보았습니다. 물음에 답하세요.

 저 표지판은 무슨 뜻이에요? 5.5톤?

총 무게가 5.5톤을 초과하는 차량은 이 도로 위를 달릴 수 없다는 뜻이란다.

(1) 이 도로 위를 달릴 수 있는 차량의 무게를 찾아 ◯표 해 보세요.

1.5톤	1톤	0.5톤	5톤	5.5톤	6톤	10톤	4톤

(2) "총 무게가 5.5톤을 <u>초과</u>하는 차량은 이 도로 위를 달릴 수 없다는 뜻이란다."에서 '5.5 초과'를 수직선에 나타내어 보세요.

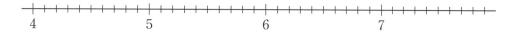

3 하늘이는 어머니와 함께 영화관에 갔습니다. 영화 제목 옆에 ⑮ 표시가 있었어요.

엄마, 저기 파란색으로 표시된 ⑮는 정확하게 무슨 뜻이에요?

저건 15세 <u>미만</u>은 관람할 수 없다는 뜻이야.

(1) ⑮ 표시가 있는 영화를 볼 수 있는 사람을 찾아 ◯표 해 보세요.

40세인 아빠	76세인 할아버지	68세인 할머니
5세인 동생	32세인 이모	17세인 사촌 오빠 12세인 나

(2) "15세 <u>미만</u>은 관람할 수 없다는 뜻이야."에서 '15 미만'을 수직선에 나타내어 보세요.

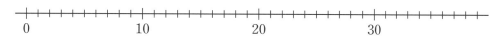

수의 범위

수의 범위를 수직선에 나타낼 수 있어요

4와 7 사이 수의 범위를 이상, 이하, 초과, 미만을 이용하여 수직선에 나타내면 다음과 같습니다.

4 이상 7 이하인 수

| 3 4 5 6 7 8 |

4 이상 7 미만인 수

| 3 4 5 6 7 8 |

4 초과 7 이하인 수

| 3 4 5 6 7 8 |

4 초과 7 미만인 수

| 3 4 5 6 7 8 |

> → 공기의 총량 중에서 오존이 차지하는 양

1 오존경보제는 '오존 농도의 정도에 따라 생활 행동의 제한을 권고하는 제도'입니다. 오존은 대기 중에 적당량이 존재할 경우 살균, 탈취 작용을 하지만 오존 농도가 높아지면 기침이 나고 눈이 따끔거리는 증상이 나타나기 때문에 오존주의보가 발령되면 야외 활동을 자제하는 것이 좋습니다. 다음은 발령 기준에 따른 경보 단계를 나타낸 것입니다. 물음에 답하세요.

경보 단계	발령 기준	해제 기준
주의보	0.12 ppm 이상	0.12 ppm 미만
경보	0.30 ppm 이상	0.12 ppm 이상 0.30 ppm 미만
중대경보	0.50 ppm 이상	0.30 ppm 이상 0.50 ppm 미만

(1) 오존 농도가 0.15 ppm일 경우는 경보 단계 중 어디에 해당할까요?

( )

(2) 오존 농도가 0.50 ppm일 경우는 경보 단계 중 어디에 해당할까요?

( )

(3) 중대경보 단계의 <u>해제 기준</u>을 수직선에 나타내어 보세요.

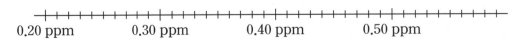

0.20 ppm   0.30 ppm   0.40 ppm   0.50 ppm

 하늘이는 편지를 보내기 위해 우체국에 갔습니다. 요금표를 보고 물음에 답하세요.

편지 무게별 요금표

구분	무게	보통 우편 요금	등기 우편 요금
규격 우편물	5 g 이하	350원	2150원
	5 g 초과 25 g 이하	380원	2180원
	25 g 초과 50 g 이하	400원	2200원

(1) 우편물의 무게가 7 g이고 보통 우편으로 보내려고 합니다. 우편 요금은 얼마인가요?

( )

(2) 우편물의 무게가 35 g이고 등기 우편으로 보내려고 합니다. 우편 요금은 얼마인가요?

( )

(3) 규격 우편물의 무게 범위 '25 g 초과 50 g 이하'를 수직선에 나타내어 보세요.

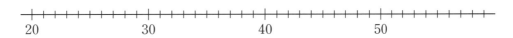

 놀이 기구별 탑승 가능한 키를 나타낸 표입니다. 물음에 답하세요.

놀이 기구별 탑승 가능한 키

놀이 기구	키(cm)
나는 자전거	100 초과 130 미만
청룡열차	110 초과 140 이하
번지 점프	110 이상 130 이하

(1) 바다의 키가 135 cm일 때 바다가 탈 수 있는 놀이 기구는 무엇인가요?

( )

(2) 번지 점프를 탈 수 있는 키의 범위를 수직선에 나타내어 보세요.

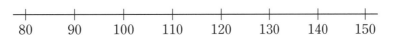

21

2020년의 우리나라 인구수는 대략 몇 명인가요?

 2015년부터 2020년까지 연도별 인구수를 표로 나타낸 것입니다. 물음에 답하세요.

연도(년)	인구수(명)
2015	51,014,947
2016	51,217,803
2017	51,361,911
2018	50,746,659
2019	51,709,098
2020	51,780,579

(1) 2018년과 2020년의 인구수는 대략 몇 명인가요?

2018년 (약   )

2020년 (약   )

(2) (1)을 구한 방법을 써 보세요.

(3) 연도별 인구수를 일의 자리까지 정확히 알아야 할까요? 그렇게 생각한 이유를 써 보세요.

2 놀이공원의 미니 기차는 한 번에 10명씩 탈 수 있습니다. 미니 기차를 타기 위해 143명의 사람이 줄을 서 있을 때 물음에 답하세요.

(1) 143명이 모두 타려면 미니 기차는 적어도 몇 번 운행해야 하나요?

(2) 그렇게 생각한 이유를 써 보세요.

3 바다는 은행에 가서 통장에 저축한 돈 250980원을 찾으려고 합니다. 물음에 답하세요.

(1) 저축한 돈을 얼마짜리 동전이나 지폐로 찾을 수 있을지 써 보세요.

(2) 저축한 돈을 10000원짜리 지폐로만 찾으면 어떻게 될까요?

올림

1 하늘이네 학교에서는 운동회 날에 5학년 학생 257명에게 볼펜을 한 자루씩 나누어 주려고 합니다. 볼펜을 적어도 몇 자루 사야 하는지 알아보세요.(단, 볼펜은 반드시 묶음으로만 살 수 있습니다.)

(1) 볼펜을 10자루씩 묶음으로 산다면 적어도 몇 자루를 사야 할까요?

(   )

(2) 볼펜을 100자루씩 묶음으로 산다면 적어도 몇 자루를 사야 할까요?

(   )

(3) 묶음으로 판매하는 볼펜을 얼마나 사야 모두에게 나누어 줄 수 있을까요?

개념 정리 올림

257을 십의 자리까지 나타내기 위하여 십의 자리 아래 수인 7을 10으로 보고 260으로 나타낼 수 있습니다. 이와 같이 구하려는 자리 아래 수를 올려서 나타내는 방법을 올림이라고 합니다.

올림하여 십의 자리까지 나타내면

257 → 260

올림하여 백의 자리까지 나타내면

257 → 300

2 바다는 문구점에서 8610원인 필통을 사려고 합니다. 물음에 답하세요.

(1) 1000원짜리 지폐로만 필통을 사려면 바다는 얼마를 내야 할까요?

(   )

(2) (1)의 금액은 필통의 가격 8610원을 어떻게 어림한 것인지 설명해 보세요.

3 보기 와 같이 소수를 올림해 보세요.

> **보기**
> • 2.345을 올림하여 소수 첫째 자리까지 나타내면 2.4입니다.
> • 12.452를 올림하여 소수 둘째 자리까지 나타내면 12.46입니다.

(1) 0.34를 올림하여 소수 첫째 자리까지 나타내어 보세요.

(   )

(2) 11.348을 올림하여 소수 둘째 자리까지 나타내어 보세요.

(   )

4 다음은 바다네 학교의 5학년 학생 수입니다. 물음에 답하세요.

남학생	여학생
96명	81명

(1) 바다네 학교의 5학년 학생 수는 모두 몇 명인가요?

(   )

(2) 5학년 학생들이 모두 45인승 버스를 타고 현장 체험 학습을 가려면 버스는 적어도 몇 대가 필요할까요?

(   )

버림

1 과수원에서 올해 수확한 복숭아 789개를 10개씩 또는 100개씩 상자에 담아 포장하려고 합니다. 물음에 답하세요.

(1) 한 상자에 10개씩 담는다면 포장할 수 있는 복숭아는 모두 몇 개일까요?

(   )

(2) (1)에서 모두 포장하고 남는 복숭아는 몇 개일까요?

(   )

(3) 한 상자에 100개씩 담는다면 포장할 수 있는 복숭아는 모두 몇 개일까요?

(   )

(4) (3)에서 모두 포장하고 남는 복숭아는 몇 개일까요?

(   )

개념 정리 버림

789를 십의 자리까지 나타내기 위하여 십의 자리 아래 수인 9를 0으로 보고 780으로 나타낼 수 있습니다. 이와 같이 구하려는 자리 아래 수를 버려서 나타내는 방법을 버림이라고 합니다.

버림하여 십의 자리까지 나타내면	버림하여 백의 자리까지 나타내면
789 → 780	789 → 700

2 산이는 친구들에게 나누어 줄 선물을 포장하기 위해서 길이 980 cm짜리 리본을 샀습니다. 선물 1개를 포장하는 데 리본이 1 m(=100 cm) 필요할 때 물음에 답하세요.

(1) 산이는 리본 980 cm로 선물을 몇 개까지 포장할 수 있고, 남는 리본은 몇 cm일까요?

(,   )

(2) (1)에서 산이가 사용한 리본의 길이는 리본 980 cm를 어떻게 어림한 것인지 설명해 보세요.

3   보기 와 같이 소수를 버림해 보세요.

> 보기
> • 2.277을 버림하여 소수 첫째 자리까지 나타내면 2.2입니다.
> • 4.462를 버림하여 소수 둘째 자리까지 나타내면 4.46입니다.

(1) 8.87을 버림하여 소수 첫째 자리까지 나타내어 보세요.

(   )

(2) 19.312를 버림하여 소수 둘째 자리까지 나타내어 보세요.

(   )

4 쿠키 237개를 한 봉지에 20개씩 담아 포장하면 쿠키는 모두 몇 봉지가 되나요? (단, 20개를 담을 수 없으면 포장하지 않습니다.)

(   )

반올림

1 강이와 아버지는 지난 여름 방학에 1708 m 높이의 설악산을 다녀왔습니다. 물음에 답하세요.

(1) 설악산의 높이를 수직선에 나타내어 보세요.

(2) (1)에서 설악산의 높이는 1700과 1710 중 어느 쪽에 더 가깝나요? 그렇다면 설악산의 높이는 약 몇 m라고 할 수 있을까요?

(3) 설악산의 높이를 수직선에 나타내어 보세요.

(4) (3)에서 설악산의 높이는 1700과 1800 중 어느 쪽에 더 가깝나요? 그렇다면 설악산의 높이는 약 몇 m라고 할 수 있을까요?

개념 정리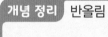

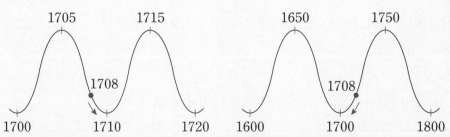

그림과 같이 더 가까운 쪽으로 어림하는 것을 반올림이라고 합니다. 반올림을 할 때 구하려는 바로 아래 자리의 숫자가 0, 1, 2, 3, 4이면 버림을 하고, 5, 6, 7, 8, 9이면 올림을 합니다.

반올림하여 십의 자리까지 나타내면

1708 → 1710

반올림하여 백의 자리까지 나타내면

1708 → 1700

2 산이가 몸무게를 재었더니 35.6 kg이었습니다. 물음에 답하세요.

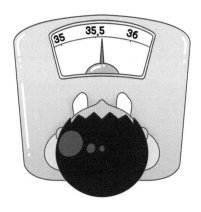

(1) 산이의 몸무게는 약 몇 kg인지 체중계의 바늘이 가까운 쪽으로 어림하여 일의 자리까지 나타내어 보세요.

(   )

(2) 여러 가지 어림 방법 중에서 어떤 방법을 사용하였나요?

3 우리나라 축구 대표팀 경기에 관중이 15362명 입장했습니다. 물음에 답하세요.

(1) 관중 수를 반올림하여 천의 자리까지 나타내어 보세요.

(   )

(2) 관중 수를 반올림하여 백의 자리까지 나타내어 보세요.

(   )

(3) 관중 수를 반올림하여 십의 자리까지 나타내어 보세요.

(   )

수의 범위와 어림하기

스스로 정리 수의 범위와 어림하기를 알아보세요.

1 수의 범위에 대하여 뜻을 쓰고 수직선에 나타내어 보세요.

(1) 10 이상:

(2) 5 이하:

(3) 8 초과:

(4) 7 미만:

_____

2 257을 어림하여 십의 자리까지 나타내어 보세요.

(1) 올림:

(2) 버림:

(3) 반올림:

개념 연결 □ 안에 알맞은 수를 써넣으세요.

주제	설명하기
길이 어림하기	풀의 길이는 약 ☐ cm이고, 연필의 길이는 약 ☐ cm입니다.
어림하여 덧셈하기	219+193을 어림하여 백의 자리까지 나타내면 ☐ 입니다.

1 풀의 길이를 어림하여 수의 범위로 표현하고, 풀의 길이를 어림하는 것은 올림, 버림, 반올림과 어떤 관련이 있는지 친구에게 편지로 설명해 보세요.

1 11 초과 15 이하인 수를 수직선에 나타내고 다른 사람에게 설명해 보세요.

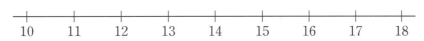

2 어떤 수를 일의 자리에서 반올림했더니 350이 되었습니다. 어떤 수가 될 수 있는 수의 범위를 수직선에 나타내고 그 결과를 다른 사람에게 설명해 보세요.

수의 범위와 어림하기는
이렇게 연결돼요 ✎

약 몇 cm
어림하기

약 몇 m
어림하기

수의 범위와
어림하기

소수의 나눗셈의
몫을 반올림하기

1 40 초과인 수에는 □표, 30 미만인 수에는 ○표 해 보세요.

| 40 | 43 | 33 | 28 | 19 |
| 50 | 16 | 42 | 35 | 30 |

2 수의 범위를 보고 물음에 답하세요.

13 이상 19 미만

(1) 수의 범위를 수직선에 나타내어 보세요.

(2) 수의 범위에 속하는 자연수를 모두 찾아 써 보세요.

( )

3 □ 안에 알맞은 말을 써넣으세요.

20과 같거나 큰 수를 20 ☐ 인 수라고 하고, 20과 같거나 작은 수를 20 ☐ 인 수라고 합니다. 20보다 큰 수를 20 ☐ 인 수라고 하고, 20보다 작은 수를 20 ☐ 인 수라고 합니다.

4 9 이하인 수를 모두 찾아 ○표 해 보세요.

| 9.1 | 8.6 | 10.7 | 7.2 |
| 3.9 | 8.0 | 8.5 | 11.3 |

5 가운데 있는 수와 더 가까운 수에 ○표 해 보세요.

(1)
30   38   40

(2)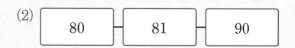
80   81   90

(3)
400   413   500

(4)
600   627   700

(5)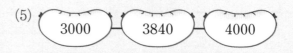
3000   3840   4000

(6)
9000   9985   10000

6 어느 마을의 인구수를 조사했더니 모두 1728명이었습니다. 이 마을의 인구수를 어림하여 나타내어 보세요.

(1) 이 마을의 인구수를 반올림하여 십의 자리까지 나타내면 [   ]명입니다.

(2) 이 마을의 인구수를 올림하여 백의 자리까지 나타내면 [   ]명입니다.

(3) 이 마을의 인구수를 버림하여 천의 자리까지 나타내면 [   ]명입니다.

7 백의 자리에서 반올림하면 3000이 되는 수를 모두 찾아 써 보세요.

| 2586 | 2130 | 1987 | 2980 |
| 2499 | 2076 | 3499 | 3003 |

(   )

8 수직선에 나타낸 수의 범위에 포함되지 <u>않는</u> 수를 모두 찾아보세요. (   )

37 38 39 40 41 42 43 44

① 37   ② 38   ③ 40
④ 41   ⑤ 42

9 수를 버림하여 주어진 자리까지 나타내어 보세요.

수	십의 자리까지	백의 자리까지
563		
8073		

10 선물 1개를 포장하는 데 리본 100 cm가 필요합니다. 리본 970 cm로 포장할 수 있는 선물의 수를 알아보기 위해서는 어떤 어림 방법을 선택해야 하는지 쓰고 이때 포장할 수 있는 선물은 모두 몇 개인지 구해 보세요.

풀이

(,   )

11 5 이상 10 이하인 수를 소수를 포함하여 8개 써 보세요

(   )

1 높이가 4.5 m 미만인 차량만 지나갈 수 있는 터널이 있습니다. 터널을 지나갈 수 있는 차를 모두 찾아 보세요.

(   )

차	①	②	③	④	⑤
높이	2 m	3.3 m	4.5 m	5 m	4 m

2 은이는 무게가 2.3 kg인 물건을 무게가 0.8 kg인 상자에 넣어 택배를 보내려고 합니다. 은이는 얼마를 내야 할까요?

무게별 택배 요금

무게(kg)	요금(원)
2 이하	3000
2 초과 5 이하	3500
5 초과 10 이하	4000

(   )

3 강이네 학교 학생과 선생님 564명이 놀이공원에서 보트를 타려고 합니다. 물음에 답하세요.

(1) 보트를 한 번에 10명까지 탈 수 있다면 적어도 몇 번에 나누어 타야 모두 탈 수 있나요?

(   )

(2) (1)에서 사용한 어림 방법은 무엇인가요?

(   )

4 미세먼지 기준표를 보고, 물음에 답하세요.

미세먼지 기준표

예보 구간	좋음	보통	나쁨	매우 나쁨
예측 농도(μg/m^3)	15 이하	15 초과 35 이하	35 초과 75 이하	75 초과

(출처: 미세먼지 환경 기준, 환경부, 2018.)

(1) 오늘 미세먼지 예측 농도가 30이라면 예보 구간은 어떻게 될까요?

( )

(2) 오늘 미세먼지 예측 농도가 75라면 예보 구간은 어떻게 될까요?

( )

5 두 수의 범위에 공통으로 속하는 자연수를 모두 구해 보세요.

( )

6 놀이 기구 앞에 있는 표지판입니다. 내 키가 130 cm라면 내가 혼자 탈 수 있는 놀이 기구는 몇 개인가요?

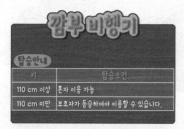
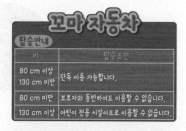
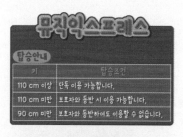
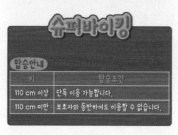
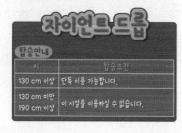

( )

2 소 30마리에게서 짠 우유는 모두 몇 L인가요?

분수의 곱셈

★ (분수)×(자연수)의 계산 방법을 알 수 있어요.
★ (자연수)×(분수)의 계산 방법을 알 수 있어요.
★ (분수)×(분수)의 계산 방법을 알 수 있어요.

☑ Check

**스스로
다짐하기**

☐ 정확하고 빠른 것이 중요하지만, 왜 그런지 답할 수 있어야 해요.
☐ 설명하는 글을 쓸 때 다른 사람이 읽고 이해할 수 있게 써 보세요.
☐ 배운 내용을 어디에 사용할 수 있을지 생각해 보세요.

꼬리에 꼬리를 무는 개념

분수의 덧셈과 뺄셈
- 분모가 다른 분수의 덧셈하기
- 분모가 다른 분수의 뺄셈하기

분수의 나눗셈
- (자연수)÷(자연수)의 몫을 분수로 나타내기
- (분수)÷(자연수)의 몫을 분수로 나타내기
- (분수)÷(자연수)를 곱셈으로 나타내기

5-1-4

5-2-2

약분과 통분
- 크기가 같은 분수 알아보기
- 분수를 약분하고 기약분수로 나타내기
- 분수 통분하기
- 분수의 크기 비교하기

5-1-5

분수의 곱셈
- (분수)×(자연수) 알아보기
- (자연수)×(분수) 알아보기
- (분수)×(분수) 알아보기

6-1-1

스스로 계획 짜기

1일차	2일차	3일차	4일차	5일차
____월 ____일	____월 ____일	____월 ____일	____월 ____일	____월 ____일

6일차	7일차	8일차
____월 ____일	____월 ____일	____월 ____일

기억 1 **분수**

- 부분 은 전체 ◯ 를 똑같이 2로 나눈 것 중의 1입니다.

전체를 똑같이 2로 나눈 것 중의 1을 $\dfrac{1}{2}$이라 쓰고 2분의 1이라고 읽습니다.

$$\dfrac{1 \leftarrow 분자}{2 \leftarrow 분모}$$

- 부분 은 전체 를 똑같이 3으로 나눈 것 중의 2입니다.

전체 9를 똑같이 3으로 나눈 것 중의 2는 9의 $\dfrac{2}{3}$입니다. 9의 $\dfrac{2}{3}$는 6입니다.

1 주어진 분수만큼 색칠해 보세요.

(1) $\dfrac{2}{4}$

(2) $\dfrac{4}{2}$

(3) $2\dfrac{3}{5}$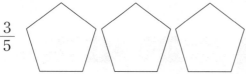

(4) $\dfrac{6}{6}$

2 15 cm의 종이띠를 보고 물음에 답하세요.

0 cm   15 cm

(1) 전체의 $\dfrac{1}{3}$만큼 색칠하고 몇 cm인지 구해 보세요.

(   )

(2) 전체의 $\dfrac{2}{3}$만큼은 몇 cm인가요?

(   )

38

기억 2 크기가 같은 분수

분자와 분모에 0이 아닌 같은 수를 곱하거나 같은 수를 나누어도 분수의 크기는 변하지 않습니다.
약분이나 통분을 해도 분수의 크기는 변하지 않습니다.

• 약분하기

분모와 분자를 공약수로 나누어 간단히 하는 것을 약분한다고 합니다.

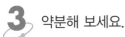

• 통분하기

분수의 분모를 같게 하는 것을 통분한다고 합니다.

$$\left(\frac{1}{6}, \frac{3}{4}\right) \Rightarrow \left(\frac{1\times2}{6\times2}, \frac{3\times3}{4\times3}\right) \Rightarrow \left(\frac{2}{12}, \frac{9}{12}\right)$$

기억 3 분모가 다른 분수의 덧셈과 뺄셈

분모가 다른 분수의 덧셈과 뺄셈에서는 통분하여 단위분수를 같게 한 후 계산합니다.

$$\frac{5}{6}+\frac{4}{7}=\frac{5\times7}{6\times7}+\frac{4\times6}{7\times6}=\frac{35+24}{42}=\frac{59}{42}=1\frac{17}{42}$$

$$\frac{3}{4}-\frac{1}{6}=\frac{3\times3}{4\times3}-\frac{1\times2}{6\times2}=\frac{9-2}{12}=\frac{7}{12}$$

3 약분해 보세요.

(1) $\frac{16}{24}$

(2) $\frac{7}{35}$

 계산해 보세요.

(1) $\frac{4}{5}+\frac{1}{5}$

(2) $\frac{2}{7}+\frac{1}{2}$

(3) $\frac{1}{4}+\frac{1}{4}+\frac{1}{4}$

(4) $\frac{2}{9}+\frac{2}{9}+\frac{2}{9}+\frac{2}{9}$

소 30마리에게서 짠 우유는 모두 몇 L인가요?

1 밥 1인분을 짓기 위해서는 쌀이 $\frac{1}{4}$컵 필요합니다. 물음에 답하세요.

(1) 밥 3인분을 짓기 위해서는 쌀이 얼마만큼 필요한지 식을 쓰고 계산해 보세요.

식 _____ 답 _____

(2) 밥 4인분을 짓기 위해서는 쌀이 얼마만큼 필요한지 식을 쓰고 계산해 보세요.

식 _____ 답 _____

2 바다는 물이 $\frac{3}{4}$ L씩 담긴 생수병을 10개 샀습니다. 물음에 답하세요.

(1) 바다가 산 물의 양은 모두 몇 L인지 색칠하여 구해 보세요.

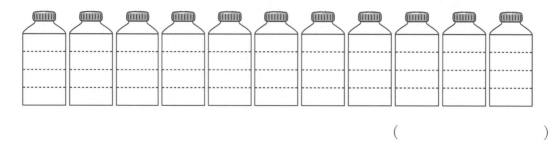

(   )

(2) 바다가 산 물의 양을 곱셈식으로 나타내어 보세요.

곱셈식 _____

3 산이는 친구들과 우유 짜기 체험 활동을 하러 목장에 갔습니다. 목장에서는 우유를 젖소 한 마리당 $2\frac{2}{9}$ L씩 짤 수 있다고 합니다. 물음에 답하세요.

(1) 바다는 젖소 2마리에게서 우유를 짰습니다. 바다가 짠 우유는 모두 몇 L일까요?

(2) 하늘이는 젖소 5마리에게서 우유를 짰습니다. 하늘이가 짠 우유는 모두 몇 L일까요?

(3) 강이는 젖소 10마리에게서 우유를 짰습니다. 강이가 짠 우유는 모두 몇 L일까요?

(4) 산이는 젖소 30마리에게서 우유를 짰습니다. 산이가 짠 우유는 모두 몇 L일까요?

 4 같은 분수를 5번 더할 때 계산하는 방법을 설명해 보세요.

분수 뛰어 세기

1 그림을 보고 물음에 답하세요.

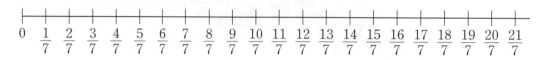

(1) $\dfrac{1}{7} \times 5$를 덧셈식으로 나타내어 계산하고 그 결과를 수직선에 표시해 보세요.

(2) $\dfrac{1}{7} \times 8$을 덧셈식으로 나타내어 계산하고 그 결과를 수직선에 표시해 보세요.

(3) $\dfrac{1}{7} \times 14$를 덧셈식으로 나타내어 계산하고 그 결과를 수직선에 표시해 보세요.

2 수직선을 이용하여 물음에 답하세요.

(1) $\dfrac{3}{10}$씩 3번 뛰어 센 값을 수직선에 나타내어 보세요.

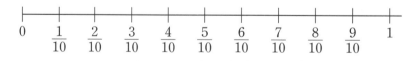

(2) (1)과 같은 방법으로 $\dfrac{2}{10} \times 4$를 수직선에 나타내어 보세요.

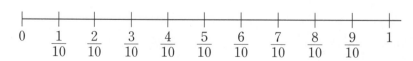

3 하늘이와 산이는 $1\frac{2}{5} \times 3$을 다음과 같이 계산했습니다. 하늘이와 산이의 계산 방법을 보고 물음에 답하세요.

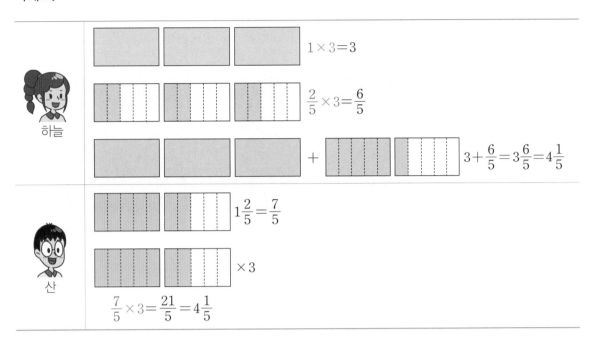

(1) 하늘이의 계산 방법과 산이의 계산 방법을 각각 설명해 보세요.

(2) 하늘이의 계산 방법으로 $2\frac{2}{7} \times 4$를 계산해 보세요.

(3) 산이의 방법으로 $2\frac{2}{7} \times 4$를 계산해 보세요.

개념 정리 (분수)×(자연수)의 계산 (1)

분수에 자연수를 곱할 때 분모는 그대로 두고, 분자와 자연수를 곱하여 계산합니다.

$$\frac{2}{10} \times 3 = \frac{2}{10} + \frac{2}{10} + \frac{2}{10} = \frac{2+2+2}{10} = \frac{2 \times 3}{10} \implies \frac{2}{10} \times 3 = \frac{2 \times 3}{10}$$

(분수)×(자연수)의 계산

1 그림을 보고 물음에 답하세요.

$\frac{1}{12}$	$\frac{1}{12}$	$\frac{1}{12}$	$\frac{1}{12}$	$\frac{1}{12}$	$\frac{1}{12}$	$\frac{1}{12}$	$\frac{1}{12}$	$\frac{1}{12}$	$\frac{1}{12}$	$\frac{1}{12}$	$\frac{1}{12}$
$\frac{1}{6}$		$\frac{1}{6}$		$\frac{1}{6}$		$\frac{1}{6}$		$\frac{1}{6}$		$\frac{1}{6}$	
$\frac{1}{3}$				$\frac{1}{3}$				$\frac{1}{3}$			

(1) $\frac{1}{12} \times 12$를 가분수와 자연수로 나타내어 보세요.

(,   )

(2) $\frac{1}{6} \times 4$를 계산하고 크기가 같은 분수를 그림에서 모두 찾아 써 보세요.

(,   )

2 분수의 곱셈식을 보고 물음에 답하세요.

$$\frac{3}{10} \times 5 = \frac{3 \times 5}{10} = \frac{15}{10}$$

(1) $\frac{15}{10}$를 기약분수로 나타내어 보세요.

(   )

(2) $\frac{3 \times 5}{10}$를 기약분수로 나타내어 보세요.

(   )

(3) $\frac{3}{10} \times 5$의 식에서 분모 10과 자연수 5를 약분하여 기약분수로 나타내어 보세요.

(   )

3. 문제 **2**에서 분수의 곱셈을 하는 과정에서 분모와 자연수를 약분했을 때 어떤 점이 편리했는지 써 보세요.

4. 보기 를 보고 물음에 답하세요.

> 보기
> $$2\frac{3}{10} \times 4 = 2\frac{3}{\underset{5}{10}} \times \overset{2}{4} = (2 \times 2) + \left(\frac{3}{5} \times 2\right) = 4\frac{6}{5} = 5\frac{1}{5}$$

(1) 잘못 계산한 부분을 찾아 ○표 해 보세요.

(2) 잘못된 이유를 써 보세요.

(3) 잘못 계산한 부분을 바르게 계산해 보세요.

개념 정리 (분수)×(자연수)의 계산 (2)

분모와 자연수가 약분이 가능한 경우 계산 중간에 약분하여 간단히 할 수 있습니다.

$$\frac{5}{12} \times 24 = \frac{5 \times 24}{12} = \frac{\overset{10}{120}}{\underset{1}{12}} = 10 \implies \frac{5}{\underset{1}{12}} \times \overset{2}{24} = \frac{5 \times 2}{1} = 10$$

토마토 주스 3잔의 재료는 얼마인가요?

1 바다가 고무줄을 늘이고 줄이면서 길이를 재고 있습니다. 그림을 보고 물음에 답하세요.

0 cm   2 cm

(1) 2 cm의 고무줄을 2배로 늘인 길이를 그림에 나타내어 구해 보세요.

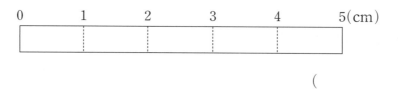

                                             (   )

(2) 2 cm의 $\frac{1}{2}$은 몇 cm인지 그림에 나타내어 구해 보세요.

0   1   2   3   4   5(cm)

                                             (   )

(3) 고무줄을 2배 했을 때와 $\frac{1}{2}$배 했을 때 어떤 차이가 있는지 설명해 보세요.

2 토마토 주스 4잔을 만들기 위한 재료를 보고 물음에 답하세요.

토마토 2개

물 5컵

꿀 $\frac{1}{2}$스푼

(1) 토마토 주스 1잔을 만들기 위한 재료의 양만큼 색칠하고 색칠한 양을 분수로 나타내어 보세요.

(2) 토마토 주스 3잔을 만들기 위한 재료의 양만큼 색칠하고 색칠한 양을 분수로 나타내어 보세요.

(3) 토마토 주스 3잔을 만들기 위한 재료를 구하는 식을 써 보세요.

토마토	
물	
꿀	

(자연수)×(분수)의 계산

1 길이가 4 cm인 종이 테이프를 다양한 길이로 자르려고 합니다. 물음에 답하세요.

(1) 4 cm의 $\frac{1}{4}$만큼 색칠하고, 그 길이가 몇 cm인지 구해 보세요.

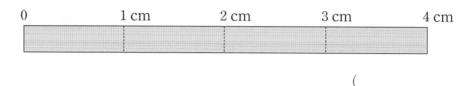

(   )

(2) 4 cm의 $\frac{3}{4}$만큼 색칠하고, 그 길이가 몇 cm인지 구해 보세요.

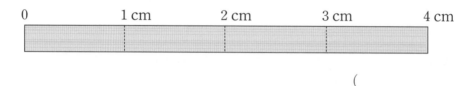

(   )

(3) 4 cm의 $\frac{1}{4}$과 4 cm의 $\frac{3}{4}$을 구할 때 같은 점과 다른 점을 설명해 보세요.

2 삼각김밥 5개를 친구들과 나누어 먹으려고 합니다. 한 명이 삼각김밥 5개의 $\frac{1}{3}$만큼 먹을 때, 물음에 답하세요.

(1) 한 명이 먹는 양을 그림에 나타내어 구해 보세요.

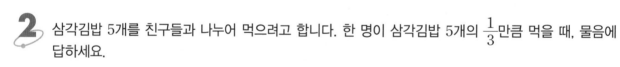

(   )

(2) 5의 $\frac{1}{3}$은 1의 $\frac{1}{3}$이 몇 번 있는 것과 같을까요?

(   )

개념 정리 (자연수)×(분수)의 계산

자연수에 분수를 곱할 때 분모는 그대로 두고 자연수와 분자를 곱하여 계산합니다.

$$5 \times \frac{2}{3} = \frac{5 \times 2}{3} = \frac{10}{3}$$

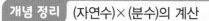

3 길이가 6 m인 끈이 있습니다. 물음에 답하세요.

(1) 6 m의 2배는 몇 m인지 곱셈식으로 나타내어 구해 보세요.

(2) 6 m의 $\frac{1}{2}$배는 몇 m인지 곱셈식으로 나타내어 구해 보세요.

(3) 6 m의 $2\frac{1}{2}$배는 몇 m인지 곱셈식으로 나타내어 구해 보세요.

(4) 6 m의 $\frac{5}{2}$배는 몇 m인지 곱셈식으로 나타내어 구해 보세요.

4 계산해 보세요.

(1) $3 \times \frac{1}{9}$

(2) $9 \times \frac{2}{15}$

(분수)×(분수)의 계산

1 바다는 사과 반쪽을 다시 반으로 잘라 그중 1조각을 먹었습니다. 바다가 먹은 사과는 전체의 얼마인가요?

(   )

2 $\frac{1}{2} \times \frac{1}{4}$의 계산 원리를 알아보세요.

(1) $\frac{1}{2}$의 $\frac{1}{4}$을 구하려면 전체를 똑같이 몇 등분해야 하는지 그림에 나타내어 보세요.

(2) $\frac{1}{2} \times \frac{1}{4}$은 전체의 몇 분의 몇인가요?

(   )

3 $\frac{3}{4} \times \frac{1}{4}$의 계산 원리를 알아보세요.

(1) $\frac{3}{4}$의 $\frac{1}{4}$을 구하려면 전체를 똑같이 몇 등분해야 하는지 그림에 나타내어 보세요.

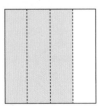

(2) $\frac{3}{4} \times \frac{1}{4}$은 전체의 몇 분의 몇인가요?

(   )

(3) $\frac{3}{4} \times \frac{1}{4}$ 을 계산하면 분모와 분자가 어떻게 달라지는지 설명해 보세요.

(4) $\frac{3}{4} \times \frac{1}{6}$ 을 계산해 보세요.

(　　　　　　　　　)

 4 산이는 4일 동안 매일 약수터에 가서 물을 받아 왔습니다. 첫째 날에 물을 $\frac{1}{2}$ L를 받았을 때 물음에 답하세요.

(1) 둘째 날에 첫째 날의 3배를 받았다면 둘째 날 받은 물은 몇 L인가요?

(　　　　　　　　　)

(2) 셋째 날은 첫째 날의 $3\frac{2}{3}$ 배를 받았습니다. 셋째 날 받은 물은 몇 L인가요?

(　　　　　　　　　)

(3) 넷째 날은 첫째 날의 $\frac{11}{3}$ 배를 받았습니다. 넷째 날 받은 물은 몇 L인가요?

(　　　　　　　　　)

(4) 셋째 날과 넷째 날에 받은 물의 양을 비교해 보세요.

개념 정리 (분수)×(분수)의 계산

분수의 곱셈은 분모는 분모끼리, 분자는 분자끼리 곱합니다.

$$\frac{3}{5} \times \frac{4}{7} = \frac{12}{35} \begin{array}{l} \leftarrow 3 \times 4 \text{(분자의 곱)} \\ \leftarrow 5 \times 7 \text{(분모의 곱)} \end{array}$$

여러가지 분수의 곱셈

1 정사각형 모양의 포장지 $2\frac{3}{5}$장의 $\frac{3}{4}$만큼은 얼마인지 알아보세요.

(1) 포장지 각 장의 $\frac{3}{4}$만큼을 색칠하고 각각을 분수로 나타내어 더해 보세요.

(   )   (   )   (   )   합

(2) 포장지 2장의 $\frac{3}{4}$만큼, $\frac{3}{5}$장의 $\frac{3}{4}$만큼을 각각 색칠하고 분수로 나타내어 더해 보세요.

  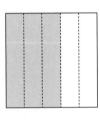

(   )   (   )   합

(3) 포장지 $\frac{13}{5}$장의 $\frac{3}{4}$만큼을 색칠하고 분수로 나타내어 보세요.

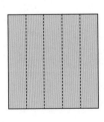 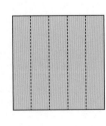 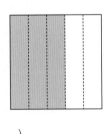

(   )

(4) (1)~(3)의 계산 방법과 결과를 비교해 보세요.

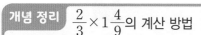

개념 정리 $\frac{2}{3} \times 1\frac{4}{9}$의 계산 방법

방법 1 (분수 × 대분수의 자연수 부분) + (분수 × 대분수의 진분수 부분)으로 계산합니다.

$$\frac{2}{3} \times 1\frac{4}{9} = \left(\frac{2}{3} \times 1\right) + \left(\frac{2}{3} \times \frac{4}{9}\right) = \frac{2}{3} + \frac{8}{27} = \frac{18+8}{27} = \frac{26}{27}$$

방법 2 대분수를 가분수로 바꾸어 계산합니다.

$$\frac{2}{3} \times 1\frac{4}{9} = \frac{2}{3} \times \frac{13}{9} = \frac{2 \times 13}{3 \times 9} = \frac{26}{27}$$

2 가로가 $3\frac{2}{3}$ m, 세로가 $1\frac{2}{5}$ m인 밭의 넓이를 구하려고 합니다. 그림을 보고 물음에 답하세요.

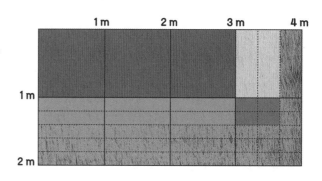

(1) 빨간색 밭의 넓이는 몇 m²인가요?

식 _____   답 _____

(2) 노란색 밭의 넓이는 몇 m²인가요?

식 _____   답 _____

(3) 초록색 밭의 넓이는 몇 m²인가요?

식 _____   답 _____

(4) 파란색 밭의 넓이는 몇 m²인가요?

식 _____   답 _____

(5) 색칠한 밭의 넓이는 모두 몇 m²인지 (1)~(4)의 값을 모두 더하여 구해 보세요.

(6) $3\frac{2}{3} \times 1\frac{2}{5}$를 대분수를 가분수로 바꾸어 계산해 보세요.

분수의 곱셈

스스로 정리 분수의 곱셈을 여러 가지 방법으로 해결해 보세요.

1 $\frac{2}{4} \times \frac{1}{3}$

방법1

방법2

개념 연결 뜻을 쓰고 설명해 보세요.

주제	뜻과 성질 쓰기
대분수와 가분수	대분수 가분수
직사각형의 넓이	직사각형의 넓이를 (가로)×(세로)로 구하는 이유를 설명해 보세요.

---

1 대분수, 가분수, 직사각형의 넓이가 $2\frac{2}{3} \times 1\frac{2}{5}$와 같은 대분수끼리의 곱셈에 어떻게 연결되는지 친구에게 편지로 설명해 보세요.

1 $\dfrac{2}{3} \times \dfrac{4}{5} = \dfrac{8}{15}$ 이 되는 이유를 그림을 이용하여 다른 사람에게 설명해 보세요.

2 $2\dfrac{2}{3} \times 3\dfrac{2}{7}$ 를 2가지 방법으로 계산하여 결과를 비교하고 다른 사람에게 설명해 보세요.

대분수를 자연수와 진분수 부분으로 나누어 계산하는 방법

대분수를 가분수로 바꾸어 계산하는 방법

분수의 곱셈은
이렇게 연결돼요

 5-1
분수의 덧셈과
뺄셈

 5-2
분수의 곱셈

 6-1
분수의 나눗셈

 6-2
분수의 나눗셈

1 $\frac{3}{4}$판짜리 피자가 5판 있습니다. 피자는 모두 몇 판인가요?

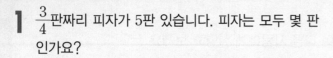

풀이

( )

2 바다는 120쪽짜리 동화책을 오늘까지 전체의 $\frac{3}{5}$만큼 읽었습니다. 몇 쪽을 더 읽어야 동화책을 모두 읽게 될까요?

풀이

( )

3 계산 결과를 비교하여 ○ 안에 >, =, <를 알맞게 써넣으세요.

$$2\frac{2}{5} \times 2\frac{1}{3} \bigcirc \frac{12}{5} \times \frac{7}{3}$$

4 산이와 하늘이가 컴퓨터 프로그램을 이용하여 가로 $3\frac{2}{3}$ m, 세로 $\frac{4}{5}$ m인 사진의 크기를 줄이고 있습니다. 물음에 답하세요.

(1) 산이는 이 사진의 가로와 세로를 각각 $\frac{4}{5}$배 했습니다. 사진의 가로와 세로의 길이는 각각 몇 m인가요?

가로 ( )

세로 ( )

(2) 하늘이는 산이가 줄인 사진의 가로와 세로를 각각 $\frac{2}{3}$배 했습니다. 사진의 가로와 세로의 길이는 각각 몇 m인가요?

가로 ( )

세로 ( )

5 더 큰 것을 찾아 ○표 하고 그 이유를 써 보세요. (단, 곱셈 계산은 하지 않습니다.)

(1)

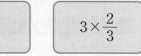

3×1 $3 \times \frac{2}{3}$

이유

(2)

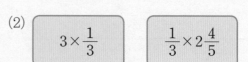

$3 \times \frac{1}{3}$ $\frac{1}{3} \times 2\frac{4}{5}$

이유

6 바다가 분수의 곱셈을 계산한 방법입니다. <u>잘못된</u> 곳을 찾아 바르게 고쳐 보세요.

바다

$3\frac{2}{3} \times 2\frac{4}{7}$ 를 계산하려면 자연수는 자연수끼리, 분수는 분수끼리 계산해서 3×2 와 $\frac{2}{3} \times \frac{4}{7}$ 를 더하면 돼.

잘못된 부분

바르게 고치기

7 수 카드를 한 번씩만 사용하여 곱이 가장 큰 (대분수) × (진분수)를 만들고 계산해 보세요.

2   5   6   7   8

$\boxed{}\dfrac{\boxed{}}{\boxed{}} \times \dfrac{\boxed{}}{\boxed{}}$

(   )

8 강이가 미역국 5인분을 끓이는 데 사용한 재료를 보고 물음에 답하세요. (단, 재료의 양은 일정하게 들어갑니다.)

불린 미역 $2\frac{1}{2}$ 컵, 소고기 210 g,
국간장 $1\frac{2}{3}$ 큰술, 다진 마늘 $\frac{7}{4}$ 큰술,
물 $6\frac{2}{5}$ 컵

(1) 미역국 3인분을 끓이는 데 필요한 재료의 양을 각각 구해 보세요.

풀이

▶ 불린 미역:

▶ 소고기:

▶ 국간장:

▶ 다진 마늘:

▶ 물:

(2) 미역국 7인분을 끓이는 데 필요한 재료의 양을 각각 구해 보세요.

풀이

▶ 불린 미역:

▶ 소고기:

▶ 국간장:

▶ 다진 마늘:

▶ 물:

1 우리가 자주 사용하는 A4 용지의 규격은 가로 21 cm, 세로 $29\frac{7}{10}$ cm입니다. 물음에 답하세요.

(1) A4 용지의 넓이는 몇 cm²인지 구해 보세요.

식 _____   답 _____

(2) A4 용지 5장을 이어 붙여 게시판을 빈틈없이 덮었습니다. 게시판의 넓이는 모두 몇 cm²인지 구해 보세요.

식 _____   답 _____

2 하늘이와 강이는 선생님을 도와 학교 벽에 페인트를 칠하고 있습니다. 물음에 답하세요.

(1) 파란색으로 칠한 부분은 전체의 몇 분의 몇인가요?

(   )

(2) 파란색으로 칠한 부분의 $\frac{5}{8}$에 분홍색을 덧칠하려고 합니다. 위 그림에 분홍색을 덧칠할 부분만큼 빗금을 긋고, 전체의 몇 분의 몇인지 구해 보세요.

(   )

(3) 분홍색으로 칠한 부분의 $\frac{1}{2}$에 노란색을 덧칠하려고 합니다. 위 그림에 노란색을 덧칠할 부분만큼 빗금을 긋고, 전체의 몇 분의 몇인지 구해 보세요.

(   )

(4) $\frac{2}{5} \times \frac{5}{8} \times \frac{1}{2}$ 을 계산해 보세요.

(   )

3 계산해 보세요.

(1) $\dfrac{3}{5} \times \dfrac{4}{7} \times \dfrac{5}{9}$

(2) $\dfrac{2}{8} \times \dfrac{6}{7} \times \dfrac{4}{5} \times \dfrac{5}{9}$

4 바다는 지금까지 목표로 세운 걸음 수의 $\dfrac{3}{7}$만큼 걸었습니다. 바다가 지금까지 600보를 걸었다면 목표로 세운 걸음 수의 $\dfrac{5}{7}$는 몇 보인지 구해 보세요.

> 풀이

( )

5 강이네 반 학생 수의 $\dfrac{5}{9}$는 봄을 좋아하고, 봄을 좋아하는 학생 중에서 $\dfrac{4}{15}$는 여학생입니다. 봄을 좋아하는 남학생은 강이네 반 학생 전체의 몇 분의 몇인지 구해 보세요.

> 풀이

( )

6 떨어진 높이의 $\dfrac{1}{2}$만큼 튀어 오르는 탱탱볼이 있습니다. 처음 떨어진 높이의 $\dfrac{1}{10}$보다 낮게 튀어 오르려면 적어도 바닥에 몇 번 닿아야 하는지 구해 보세요.

> 풀이

( )

3 어떤 물건의 모양과 크기가 똑같은가요?

합동과 대칭

★ 도형의 합동의 의미를 알고, 합동인 도형을 찾을 수 있어요.

★ 합동인 두 도형에서 대응점, 대응변, 대응각을 각각 찾고, 그 성질을 이해할 수 있어요.

★ 선대칭도형과 점대칭도형을 이해하고 그릴 수 있어요.

☑ Check
**스스로
다짐하기**

☐ 정확하고 빠른 것이 중요하지만, 왜 그런지 답할 수 있어야 해요.

☐ 설명하는 글을 쓸 때 다른 사람이 읽고 이해할 수 있게 써 보세요.

☐ 배운 내용을 어디에 사용할 수 있을지 생각해 보세요.

꼬리에 꼬리를 무는 개념 ✦

다각형 (4-1-4)
- 다각형 알아보기
- 정다각형과 대각선 알아보기
- 모양 만들기와 채우기

직육면체
- 직육면체와 정육면체의 의미와 구성 요소를 알아보기
- 직육면체의 여러 가지 성질 알아보기
- 직육면체의 겨냥도와 전개도를 이해하고 그리기

평면도형의 이동 (4-2-6)
- 평면도형 밀기, 뒤집기, 돌리기
- 평면도형 뒤집고 돌리기
- 규칙적인 무늬 만들기

합동과 대칭 (5-2-3)
- 합동의 뜻과 합동인 도형의 성질 알아보기
- 선대칭도형과 점대칭도형의 뜻과 성질 알아보기
- 선대칭도형과 점대칭도형을 찾고 그리기

(5-2-5)

스스로 계획 짜기 ✏️

1일차	2일차	3일차	4일차	5일차
____월 ____일	____월 ____일	____월 ____일	____월 ____일	____월 ____일

6일차	7일차
____월 ____일	____월 ____일

3-1 평면도형
4-1 평면도형의 이동
4-2 다각형

기억 1 평면도형

- 그림과 같이 종이를 반듯하게 두 번 접었을 때 생기는 각을 직각이라고 합니다.

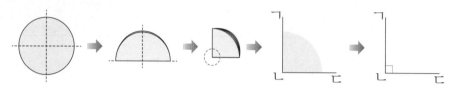

- 한 각이 직각인 삼각형을 직각삼각형이라고 합니다.

- 네 각이 모두 직각인 사각형을 직사각형이라고 합니다.

- 네 각이 모두 직각이고 네 변의 길이가 모두 같은 사각형을 정사각형이라고 합니다.

1 직각을 찾아 └┘ 표시를 해 보세요.

2 모양과 크기가 다른 직각삼각형을 3개 그려 보세요.

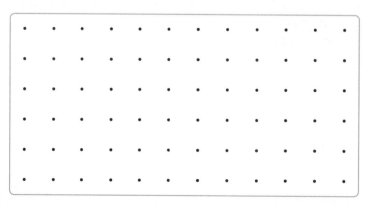

기억 2 평면도형의 이동

밀기	뒤집기	돌리기
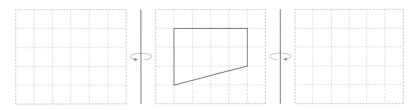		

3 왼쪽과 오른쪽으로 각각 뒤집은 모양을 그려 보세요.

4 '문'을 시계 방향으로 180° 돌리면 어떤 글자가 되는지 써 보세요.

(   )

기억 3 다각형

- 선분으로만 둘러싸인 도형을 다각형이라고 합니다.
- 다각형은 변의 수에 따라 변이 6개이면 육각형, 변이 7개이면 칠각형이라고 부릅니다.
- 변의 길이가 모두 같고, 각의 크기가 모두 같은 다각형을 정다각형이라고 합니다.

5 오각형과 팔각형을 1개씩 그려 보세요.

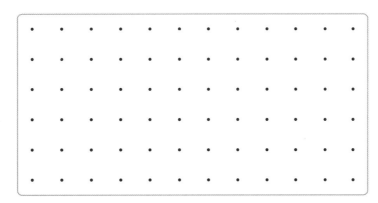

6 한 변이 3 m인 정육각형 모양의 울타리를 치려고 합니다. 울타리는 모두 몇 m일까요?

(   )

어떤 물건의 모양과 크기가 똑같은가요?

1 하늘이는 여러 가지 그림과 도형을 살펴보고 있습니다. 물음에 답하세요.

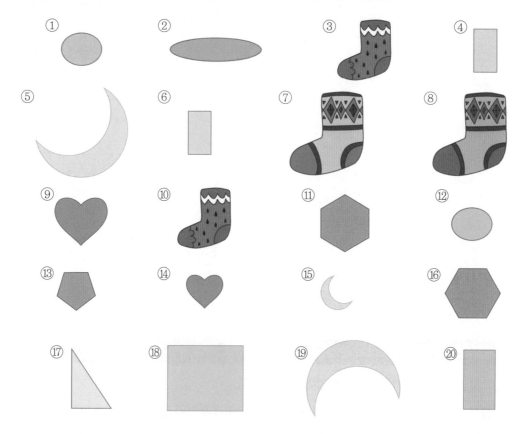

(1) 같은 것끼리 짝을 지어 번호를 써 보세요.

(2) 왜 같은지 이유를 써 보세요.

2 두 도형은 같은 도형인가요? 그 이유를 써 보세요.

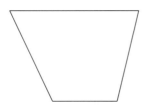 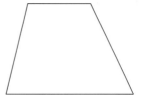

3 모양과 크기가 똑같은 두 삼각형에서 같은 것을 찾아 써 보세요.

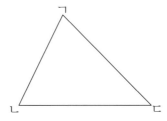 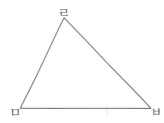

4 색종이 한 장을 두 번 잘라서 모양과 크기가 똑같은 도형을 4개 만들어 보세요.

만든 도형을 이곳에 붙이세요.

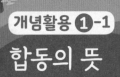

합동의 뜻

 1 주변에서 모양과 크기가 똑같은 물건을 3쌍 찾아 그려 보세요.

2 종이 두 장을 겹치고 오려서 똑같은 모양을 만들어 보세요.

만든 모양을 이곳에 붙이세요.

3 모양과 크기가 같은 도형을 모두 찾아 기호를 써 보세요.

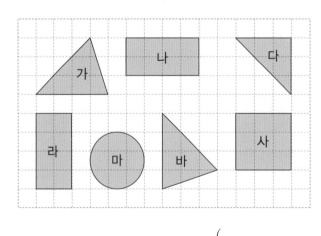

(   )

합동의 뜻

모양과 크기가 같아서 포개었을 때 완전히 겹치는 두 도형을 서로 합동이라고 합니다.

4 여러 가지 표지판 중 모양이 서로 합동인 것을 찾아 기호를 써 보세요.

5 직사각형 모양의 종이를 잘라서 서로 합동인 도형을 4개 만들려고 합니다. 2가지 방법으로 만들어 보세요.

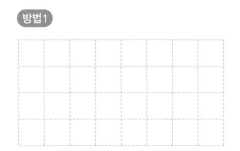

합동인 도형의 성질

1 서로 합동인 두 도형을 완전히 포개었을 때 겹치는 곳을 알아보세요.

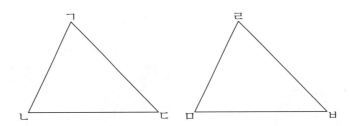

(1) 포개었을 때 겹치는 꼭짓점, 겹치는 변, 겹치는 각을 모두 찾아 써 보세요.

• 겹치는 꼭짓점: _____

• 겹치는 변: _____

• 겹치는 각: _____

(2) 포개었을 때 겹치는 변의 길이와 각의 크기를 비교하여 설명해 보세요.

개념 정리 대응점, 대응변, 대응각

서로 합동인 두 도형을 포개었을 때 완전히 겹치는 점을 대응점, 겹치는 변을 대응변, 겹치는 각을 대응각이라고 합니다.

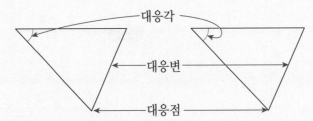

서로 합동인 두 도형에서 각각의 대응변의 길이와 대응각의 크기는 서로 같습니다.

 2 서로 합동인 두 도형을 보고 물음에 답하세요.

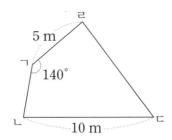 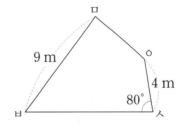

(1) 두 사각형에서 대응점, 대응변, 대응각을 모두 찾아 써 보세요.

• 대응점: _____

• 대응변: _____

• 대응각: _____

(2) 각 ㅁㅇㅅ과 각 ㄱㄴㄷ은 각각 몇 도인가요?

각 ㅁㅇㅅ (   )

각 ㄱㄴㄷ (   )

(3) 두 사각형의 둘레의 합을 구하고 어떻게 구했는지 설명해 보세요.

 3 합동인 도형의 성질에 대한 친구들의 대화를 보고 다음 말을 알맞게 써넣으세요.

강

합동인 두 도형은 완전히 포개어져.

산

합동인 두 도형에서 각각의 대응변의 길이는 서로 같아.

합동인 두 도형을 포개었을 때 완전히 겹치는 점을 대응점이라고 해.

바다

하늘

반으로 접었을 때 완전히 겹치는 그림은 무엇인가요?

1 반으로 접었을 때 완전히 겹치는 그림을 모두 찾고, 반으로 접어 완전히 겹치게 하려면 어느 부분을 접어야 할지 그림에 선을 그어 보세요.

2 주어진 선을 기준으로 양쪽이 똑같은 그림의 나머지 반을 그려 그림을 완성해 보세요.

(1)

(2)
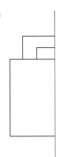

(3)

(4)

(5)
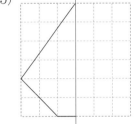

(6)
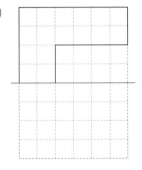

3 문제 **2**에서 그린 그림들의 특징을 생각하여 써 보세요.

선대칭도형

1 반으로 접었을 때 완전히 겹치는 도형을 모두 찾아 ○표 해 보세요.

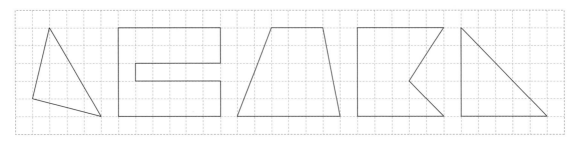

2 완전히 겹치도록 접을 수 있는 선을 긋고, 그은 선이 모두 몇 개인지 알아보세요.

(   )   (   )

(   )   (   )

개념 정리   선대칭도형과 대칭축

- 한 직선을 따라 접어서 완전히 포개어지는 도형을 선대칭도형이라고 합니다. 이때 그 직선을 대칭축이라고 합니다.
- 대칭축을 따라 포개었을 때 겹치는 점을 대응점, 겹치는 변을 대응변, 겹치는 각을 대응각이라고 합니다.

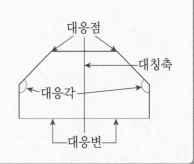

3 색종이를 반으로 접고 오려서 선대칭도형을 만들어 보세요.

만든 모양을 이곳에 붙이세요.

4 대칭축의 개수를 이용하여 보기 와 같이 계산해 보세요.

보기

$$\diamond + \spadesuit = 3$$
(2)   (1)

(1)

$$\diamond + A - \pentagon$$

(2)

$$\text{(사다리꼴)} - \triangle + H$$

선대칭도형의 성질

1 그림을 보고 선대칭도형의 성질을 알아보세요.

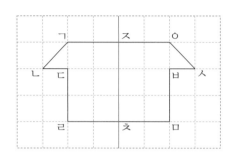

(1) 대응점을 모두 찾아 써 보세요.

(2) 대응변을 모두 찾아 길이를 비교하고, 대응각을 모두 찾아 크기를 비교해 보세요.

· 대응변: _____

비교

· 대응각: _____

비교

(3) 대응점끼리 잇고 대칭축에 의해 나누어지는 두 선분의 길이를 비교해 보세요.

개념 정리 선대칭도형의 성질

· 선대칭도형에서 각각의 대응변의 길이는 서로 같습니다.
· 선대칭도형에서 각각의 대응각의 크기는 서로 같습니다.
· 선대칭도형에서 대응점끼리 이은 선분은 대칭축과 수직으로 만납니다.
· 선대칭도형에서 대칭축은 대응점끼리 이은 선분을 둘로 똑같이 나눕니다.

2 선대칭도형의 성질에 대한 친구들의 대화에서 잘못 말한 친구를 찾고 잘못된 곳을 바르게 고쳐 보세요.

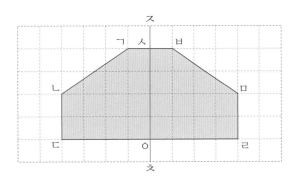

강

선분 ㄴㄷ과 선분 ㅁㄹ의 길이는 같아.

각 ㅅㄱㄴ과 각 ㅂㅁㄹ의 크기는 같아.

바다

산

선분 ㄴㅁ을 그었을 때 직선 ㅈㅊ은
그 선분을 이등분해.

선분 ㄱㅂ과 직선 ㅈㅊ은 서로 수직으로 만나.

하늘

잘못 말한 친구
바르게 고치기

3 선대칭도형의 성질을 이용하여 □ 안에 알맞은 수를 써넣으세요.

(1)

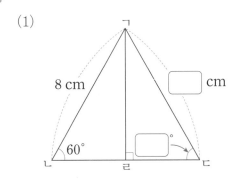

(2)

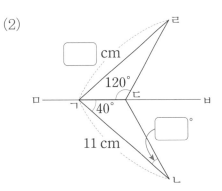

75

선대칭도형 그리기

1 선대칭도형을 완성해 보세요.

(1)

(2)

개념 정리 선대칭도형 그리기

• 선대칭도형 그리는 방법

① 점 ㄴ에서 대칭축 ㅁㅂ에 수선을 긋고, 대칭축과 만나는 점을 찾아 점 ㅅ으로 표시합니다.

② 이 수선에 선분 ㄴㅅ과 길이가 같은 선분 ㅇㅅ이 되도록 점 ㄴ의 대응점을 찾아 점 ㅇ으로 표시합니다.

③ 같은 방법으로 점 ㄷ의 대응점을 찾아 점 ㅈ으로 표시합니다.

④ 점 ㄹ과 점 ㅈ, 점 ㅈ과 점 ㅇ, 점 ㅇ과 점 ㄱ을 차례로 이어 선대칭도형이 되도록 그립니다.

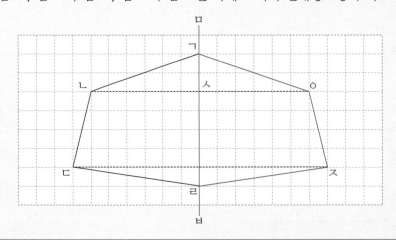

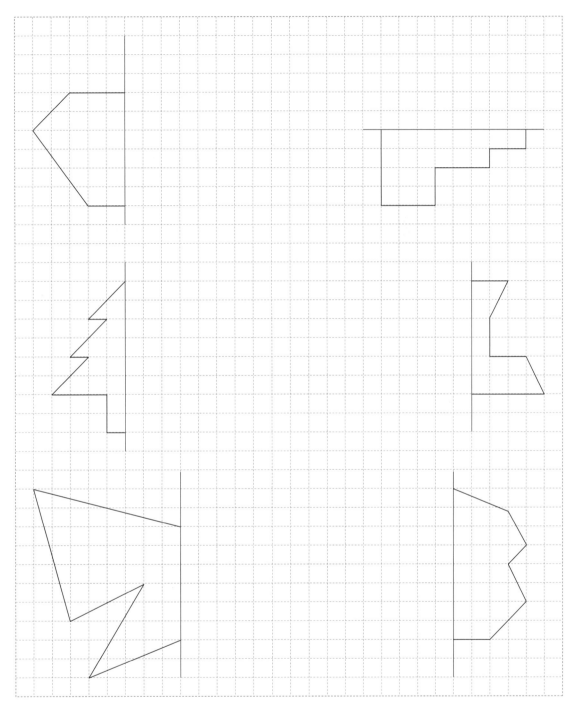

마주 보았을 때 서로 똑같이 보이는 도형이 있나요?

1 산이와 바다는 태극기를 살펴보다가 한가운데 있는 태극 문양은 서로의 위치에서 보이는 모양이 똑같
다는 것을 발견했습니다. 주어진 펜토미노 조각 중 태극 문양처럼 마주 보았을 때 보이는 모양이 똑같
은 조각을 찾아 ◯표 해 보세요.

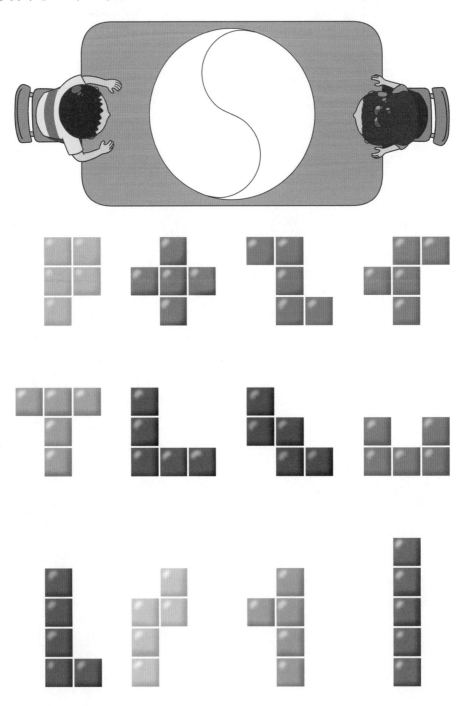

2 산이와 바다는 한글의 자음, 모음 중에서 태극 문양처럼 마주 보았을 때 보이는 모양이 똑같은 것을 찾아보기로 했습니다. 물음에 답하세요.

ㄱ ㄴ ㄷ ㄹ ㅁ ㅂ ㅅ ㅇ ㅈ ㅊ ㅋ ㅌ ㅍ ㅎ
ㅏ ㅑ ㅓ ㅕ ㅗ ㅛ ㅜ ㅠ ㅡ ㅣ

(1) 자음 중 마주 보았을 때 보이는 모양이 똑같은 것을 모두 찾아 써 보세요.

(2) 모음 중 마주 보았을 때 보이는 모양이 똑같은 것을 모두 찾아 써 보세요.

(3) (1)과 (2)의 자음과 모음을 이용하여 글자를 만들어 보세요.

3 마주 보았을 때 보이는 모양이 똑같은 도형은 어떤 것이 있을지 생각하여 그려 보세요.

점대칭도형

1 마주 보았을 때 보이는 모양이 똑같은 펜토미노 조각을 보고 펜토미노 조각을 몇 도 돌리면 모든 조각이 처음 모양과 완전히 겹치는지 구해 보세요.

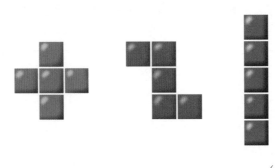

(   )

2 180° 돌렸을 때 처음 도형과 완전히 겹치는 도형을 찾아 ○표 해 보세요.

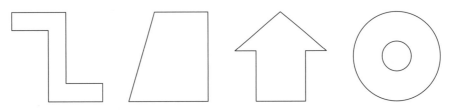

개념 정리   점대칭도형과 대칭의 중심

- 한 도형을 어떤 점을 중심으로 180° 돌렸을 때 처음 도형과 완전히 겹치면 이 도형을 점대칭도형이라고 합니다. 이때 그 점을 대칭의 중심이라고 합니다.
- 대칭의 중심을 중심으로 180° 돌렸을 때 겹치는 점을 대응점, 겹치는 변을 대응변, 겹치는 각을 대응각이라고 합니다.

대칭의 중심

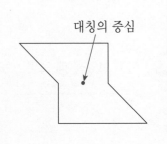

---

3 주어진 펜토미노 조각의 대칭의 중심을 찾아 · 으로 표시해 보세요.

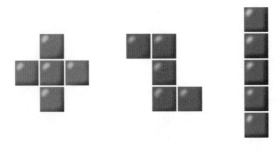

4 그림을 보고 점대칭도형의 성질을 알아보세요.

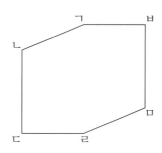

(1) 대칭의 중심을 찾아 • 으로 표시해 보세요.

(2) 대칭의 중심을 찾은 방법을 써 보세요.

(3) 대응점을 모두 찾아 써 보세요.

(4) 대응점끼리 연결했을 때 선분들이 만나는 점이 (1)에서 찾은 대칭의 중심과 일치하는지 확인해 보세요.

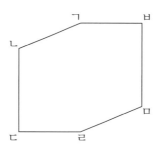

(5) 대응변을 모두 찾아 써 보세요.

(6) 대응각을 모두 찾아 써 보세요.

점대칭도형의 성질

1 그림을 보고 점대칭도형의 성질을 알아보세요.

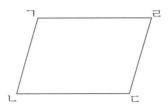

(1) 대칭의 중심을 찾아 •으로 표시해 보세요.

(2) 대응점을 모두 찾아 써 보세요.

(3) 대응변을 모두 찾고, 대응변의 길이를 비교해 보세요.

(4) 대응각을 모두 찾고, 대응각의 크기를 비교해 보세요.

(5) 대칭의 중심을 점 ㅇ이라고 할 때 선분 ㄱㅇ과 선분 ㄷㅇ, 선분 ㄴㅇ과 선분 ㄹㅇ의 길이를 각각 비교해 보세요. 또 점대칭도형에서 대응점끼리 이은 선분과 대칭의 중심 사이의 관계를 써 보세요.

개념 정리 점대칭도형의 성질

• 점대칭도형에서 각각의 대응변의 길이는 서로 같습니다.
• 점대칭도형에서 각각의 대응각의 크기는 서로 같습니다.
• 대칭의 중심은 대응점끼리 이은 선분을 둘로 똑같이 나눕니다.

 2 점대칭도형의 성질에 대한 설명을 보고 물음에 답하세요.

> ⑦ 점대칭도형은 어떤 점을 중심으로 180° 돌렸을 때 처음 도형과 완전히 겹칩니다.
>
> ⑥ 점대칭도형에서 각각의 대응변의 길이는 같습니다.
>
> ⑦ 점대칭도형에서 각각의 대응각의 크기는 다를 수 있습니다.
>
> ⑧ 대칭의 중심은 대응점끼리 이은 선분을 셋으로 똑같이 나눕니다.

(1) 잘못 설명한 것을 모두 찾아 기호를 써 보세요.

(   )

(2) 잘못된 곳을 바르게 고쳐 보세요.

> **바르게 고치기**
>
>
>
>

 3 점대칭도형의 성질을 이용하여 □ 안에 알맞은 수를 써넣으세요.

(1)

(2)

83

점대칭도형 그리기

1 180°만큼 돌렸을 때의 모양을 그려 보세요.

(1)

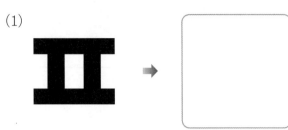

(2)

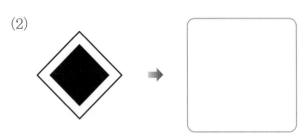

개념 정리 점대칭도형 그리기

• 점대칭도형 그리는 방법

① 점 ㄴ에서 대칭의 중심인 점 ㅇ을 지나는 직선을 긋습니다.

② 이 직선에 선분 ㄴㅇ과 길이가 같은 선분 ㅂㅇ이 되도록 점 ㄴ의 대응점을 찾아 점 ㅂ으로 표시합니다.

③ 같은 방법으로 점 ㄷ과 점 ㄹ의 대응점을 찾아 각각 점 ㅅ과 점 ㅈ으로 표시합니다.

④ 점 ㄱ의 대응점은 점 ㅁ입니다.

⑤ 점 ㅁ과 점 ㅂ, 점 ㅂ과 점 ㅅ, 점 ㅅ과 점 ㅈ, 점 ㅈ과 점 ㄱ을 차례로 이어 점대칭도형이 되도록 그립니다.

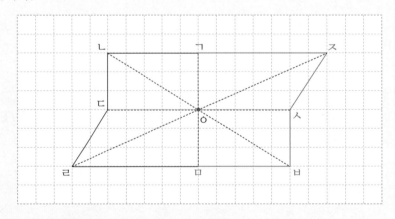

2 점대칭도형의 성질을 이용하여 점대칭도형을 완성해 보세요.

(1)
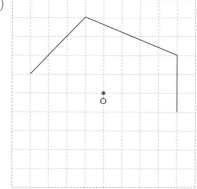

(2)
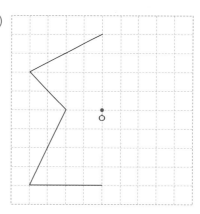

(3)
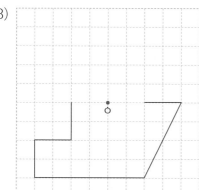

(4)
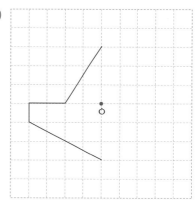

3 꼭짓점의 개수가 6개인 점대칭도형을 그리고 그린 방법을 써 보세요.

합동과 대칭

스스로 정리 뜻과 성질을 정리해 보세요.

1 합동

선대칭도형

점대칭도형

개념 연결 뜻을 쓰고 알맞게 그려 보세요.

주제	뜻과 성질 쓰기				
직각과 1도	직각				
	1°				
평면도형 돌리기	시계 방향				

---

1 여러 가지 각과 평면도형의 이동이 합동과 대칭에 어떻게 연결되는지 친구에게 편지로 설명해 보세요.

1 다음 그림과 같은 사각형 모양의 땅이 있습니다. 사각형 ㄱㄴㄷㄹ의 둘레에 울타리를 치려고 합니다. 울타리를 쳐야 하는 길이가 몇 m인지 구하고, 그 과정을 다른 사람에게 설명해 보세요. (단, 삼각형 ㅁㄱㄴ과 삼각형 ㄷㄹㅁ은 서로 합동입니다.)

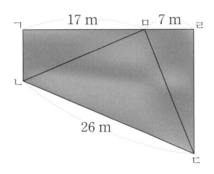

2 선대칭도형과 점대칭도형으로 분류하고 다른 사람에게 설명해 보세요.

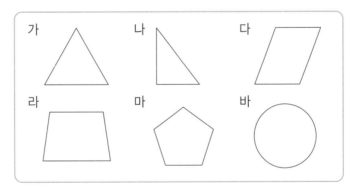

합동과 대칭은
이렇게 연결돼요

 4-1
다각형

 5-2
합동과 대칭

 5-2
직육면체

 6-1
각기둥과 각뿔

87

1 서로 합동인 도형을 찾아 ○표 해 보세요.

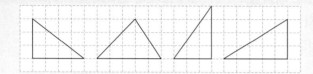

2 두 삼각형은 서로 합동입니다. 그림을 보고 물음에 답하세요.

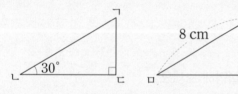

(1) 변 ㄱㄴ의 길이는 몇 cm인가요?

( )

(2) 변 ㄱㄷ의 길이는 몇 cm인가요?

( )

(3) 각 ㅁㄹㅂ의 크기는 몇 도인가요?

( )

3 두 도형은 합동인가요? 그 이유를 써 보세요.

( )

이유

4 선대칭도형의 대칭축의 수를 구해 보세요.

(1)

( )

(2)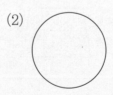

( )

(3)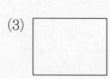

( )

(4)

( )

5 선대칭도형에 대한 설명 중 <u>틀린</u> 것은 어느 것인가요? (   )

① 한 직선을 따라 접어서 완전히 포개어지는 도형을 선대칭도형이라고 합니다.

② 선대칭도형은 대칭축이 하나입니다.

③ 선대칭도형에서 각각의 대응각의 크기는 서로 같습니다.

④ 선대칭도형에서 각각의 대응변의 길이는 서로 같습니다.

⑤ 선대칭도형에서 대응점끼리 이은 선분은 대칭축과 수직으로 만납니다.

6 점대칭도형을 모두 찾아 ○표 해 보세요.

7 점대칭도형을 그리는 순서에 맞게 기호를 써 보세요.

> ㉠ 점들을 차례로 이어 점대칭도형을 완성합니다.
>
> ㉡ 한 점에서 대칭의 중심을 지나는 직선을 긋습니다.
>
> ㉢ 같은 방법으로 각 점의 대응점을 찾아 표시합니다.
>
> ㉣ 직선 위에서 대칭의 중심까지의 길이가 같도록 대응점을 찾아 표시합니다.

(   ) – (   ) – (   ) – (   )

8 점대칭도형을 보고 물음에 답하세요.

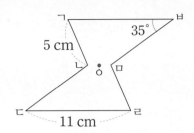

(1) 각 ㄴㄷㄹ의 크기는 몇 도인가요?

(   )

(2) 변 ㅁㄹ의 길이는 몇 cm인가요?

(   )

9 선대칭도형과 점대칭도형을 완성해 보세요.

(1) 선대칭도형

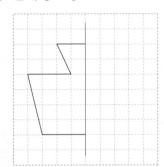

(2) 점대칭도형

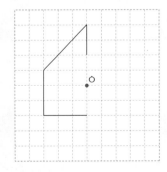

단원평가

1 그림에서 합동인 삼각형은 모두 몇 쌍인가요?

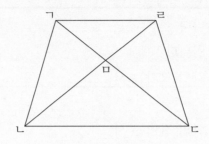

(   )

2 직사각형 모양의 종이를 다음과 같이 접었습니다. 직사각형 ㄱㄴㄷㄹ의 넓이는 몇 cm²인가요? (단, 삼각형 ㄱㄴㅁ과 삼각형 ㄷㅂㅁ은 서로 합동입니다.)

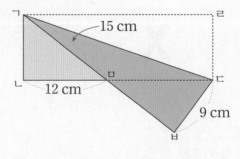

(   )

3 선대칭도형도 되고 점대칭도형도 되는 도형을 모두 찾아 ○표 해 보세요.

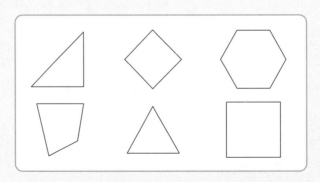

4 다음 점대칭도형의 둘레를 구해 보세요.

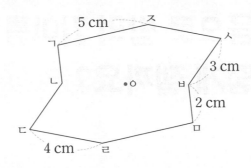

(   )

5 선대칭도형이 되도록 그림을 완성해 보세요.

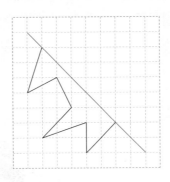

6 점 ㅇ을 대칭의 중심으로 하는 점대칭도형을 완성하고 둘레와 넓이를 구해 보세요.

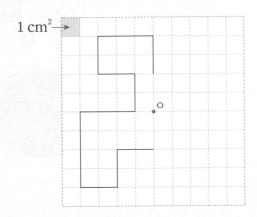

풀이

둘레 (   ), 넓이 (   )

4 걸음으로 방의 길이를 어떻게 잴까요?

소수의 곱셈

* (소수)×(자연수)의 계산 원리를 이해하고 계산할 수 있어요.
* (자연수)×(소수)의 계산 원리를 이해하고 계산할 수 있어요.
* (소수)×(소수)의 계산 원리를 이해하고 계산할 수 있어요.
* 소수의 곱셈에서 곱의 소수점 위치 변화의 원리를 이해하고 계산할 수 있어요.

☑ Check
스스로 다짐하기

☐ 정확하고 빠른 것이 중요하지만, 왜 그런지 답할 수 있어야 해요.
☐ 설명하는 글을 쓸 때 다른 사람이 읽고 이해할 수 있게 써 보세요.
☐ 배운 내용을 어디에 사용할 수 있을지 생각해 보세요.

꼬리에 꼬리를 무는 개념

4-2-3

분수의 곱셈
- (분수)×(자연수)를 알아보기
- (자연수)×(분수)를 알아보기
- (진분수)×(진분수)를 알아보기
- (분수)×(분수)를 알아보기

5-2-4

소수의 나눗셈
- (소수)÷(자연수)의 계산하기
- (자연수)÷(자연수)의 몫을 소수로 나타내기
- 몫을 어림하여 소수점 위치 확인하기

5-2-2

소수의 덧셈과 뺄셈
- 소수 두 자리 수와 소수 세 자리 수 알기
- 소수 사이의 관계 알기
- 소수의 덧셈과 뺄셈하기

소수의 곱셈
- (소수)×(자연수), (자연수)×(소수), (소수)×(소수)의 계산 원리를 이해하고 계산하기
- 소수의 곱셈에서 곱의 소수점 위치 변화 원리를 이해하고 계산하기

6-1-3

스스로 계획 짜기

1일차	2일차	3일차	4일차	5일차
___월 ___일	___월 ___일	___월 ___일	___월 ___일	___월 ___일

6일차	7일차	8일차
___월 ___일	___월 ___일	___월 ___일

3-1 분수와 소수의 관계   4-2 소수의 덧셈과 뺄셈   5-2 분수의 곱셈

기억 1 분수와 소수의 관계

• $\dfrac{1}{10}$, $\dfrac{2}{10}$, $\dfrac{3}{10}$ …… $\dfrac{9}{10}$를 0.1, 0.2, 0.3 …… 0.9라 쓰고 영 점 일, 영 점 이, 영 점 삼 …… 영 점 구 라고 읽습니다.

1 □ 안에 알맞은 분수 또는 소수를 써넣으세요.

2 전체에서 색칠한 부분이 얼마인지 분수와 소수로 나타내어 보세요.

분수 (   ), 소수 (   )

기억 2 소수의 덧셈과 뺄셈

$$\begin{array}{r} 0.7\,4 \\ +\;0.5 \\ \hline 1.2\,4 \end{array} \qquad\qquad \begin{array}{r} 1.4\,3 \\ -\;0.8 \\ \hline 0.6\,3 \end{array}$$

• 소수의 덧셈을 세로로 계산할 때는 소수점끼 리 맞추어 더합니다.

• 소수의 뺄셈을 세로로 계산할 때는 소수점끼 리 맞추어 뺍니다.

3 계산해 보세요.

(1)
$$\begin{array}{r} 1.2\,8 \\ +\;4.9 \\ \hline \end{array}$$

(2)
$$\begin{array}{r} 7.2\,4 \\ -\;2.5\,7 \\ \hline \end{array}$$

- 자연수와 분수의 곱셈은 자연수와 분자를 곱하며 약분하여 나타냅니다.

$$\frac{3}{8} \times 6 = \frac{\overset{9}{18}}{\underset{4}{8}} = \frac{9}{4} = 2\frac{1}{4} \qquad\qquad \overset{2}{12} \times \frac{5}{\underset{3}{18}} = 2 \times \frac{5}{3} = \frac{10}{3} = 3\frac{1}{3}$$

- 분수의 곱셈은 분자는 분자끼리, 분모는 분모끼리 곱하며 약분하여 나타냅니다.

$$\frac{\overset{1}{4}}{\underset{3}{9}} \times \frac{\overset{5}{15}}{\underset{4}{16}} = \frac{1}{3} \times \frac{5}{4} = \frac{5}{12}$$

- 대분수의 곱셈은 대분수를 가분수로 바꿔서 분자는 분자끼리, 분모는 분모끼리 곱하며 약분하여 나타냅니다.

$$3\frac{1}{2} \times 2\frac{2}{3} = \frac{7}{2} \times \frac{8}{3} = \frac{\overset{28}{56}}{\underset{3}{6}} = \frac{28}{3} = 9\frac{1}{3}$$

 계산해 보세요.

(1) $\dfrac{5}{9} \times 6$

(2) $18 \times \dfrac{7}{15}$

(3) $\dfrac{2}{3} \times \dfrac{3}{4}$

(4) $\dfrac{5}{12} \times \dfrac{8}{15}$

(5) $1\dfrac{2}{3} \times 2\dfrac{2}{5}$

(6) $1\dfrac{7}{9} \times 3\dfrac{3}{16}$

걸음으로 방의 길이를 어떻게 잴까요?

1 바다는 방의 한쪽 길이를 알아보려고 해요.

(1) 방의 한쪽 길이를 식으로 나타내어 보세요.

(2) 바다가 6걸음을 걸은 길이는 얼마쯤일지 수직선에 나타내어 보세요.

(3) 바다의 6걸음의 길이를 계산해 보세요.

(4) 바다의 6걸음의 길이를 (3)과 다른 방법으로 계산해 보세요.

2 산이는 일주일 동안 몇 km를 걸었는지 알아보려고 합니다. 물음에 답하세요.

(1) 산이가 일주일 동안 걸은 거리를 식으로 나타내어 보세요.

(2) 산이가 일주일 동안 걸은 거리는 얼마쯤일지 수직선에 나타내어 보세요.

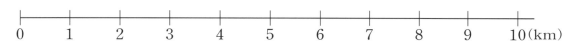

(3) 산이가 일주일 동안 걸은 거리를 계산해 보세요.

(4) 산이가 일주일 동안 걸은 거리를 (3)과 다른 방법으로 계산해 보세요.

(소수)×(자연수)의 계산

개념 정리 0.1의 개수로 계산하기

$$(0.1 \ 0.1) \ (0.1 \ 0.1) \ (0.1 \ 0.1)$$

$$\left(\begin{array}{cccccccc} 0.1 & 0.1 & 0.1 & 0.1 & 0.1 & 0.1 & 0.1 & 0.1 \\ 0.1 & 0.1 & 0.1 & 0.1 & 0.1 & 0.1 & 0.1 & 0.1 \end{array}\right)$$

$$\left(\begin{array}{cccccccc} 0.1 & 0.1 & 0.1 & 0.1 & 0.1 & 0.1 & 0.1 & 0.1 \\ 0.1 & 0.1 & 0.1 & 0.1 & 0.1 & 0.1 & 0.1 & 0.1 \end{array}\right)$$

$$0.2 \times 3 = 0.1 \times 2 \times 3$$
$$= 0.1 \times 6$$
$$= 0.6$$

$$1.6 \times 2 = 0.1 \times 16 \times 2$$
$$= 0.1 \times 32$$
$$= 3.2$$

0.1이 모두 6개이므로 0.2×3=0.6입니다.   0.1이 모두 32개이므로 1.6×2=3.2입니다.

 0.1의 개수로 계산해 보세요.

(1) 0.3×3

> ① 0.1이 몇 개인지 나타내어 보세요.
>
>
>
> ② $0.3 \times 3 = 0.1 \times \boxed{} \times \boxed{} = 0.1 \times \boxed{} = \boxed{}$
>
> ③ 0.1이 모두 $\boxed{}$ 개이므로 $0.3 \times 3 = \boxed{}$ 입니다.

(2) 1.5×3

> ① 0.1이 몇 개인지 나타내어 보세요.
>
>
>
> ② $1.5 \times 3 =$ _____
>
> ③ 0.1이 모두 $\boxed{}$ 개이므로 $1.5 \times 3 = \boxed{}$ 입니다.

분수의 곱셈으로 계산하기

$$0.2 \times 3 = \frac{2}{10} \times 3$$
$$= \frac{2 \times 3}{10}$$
$$= \frac{6}{10}$$
$$= 0.6$$

$$1.6 \times 2 = \frac{16}{10} \times 2$$
$$= \frac{16 \times 2}{10}$$
$$= \frac{32}{10}$$
$$= 3.2$$

2 분수의 곱셈으로 계산해 보세요.

(1) 0.4×2

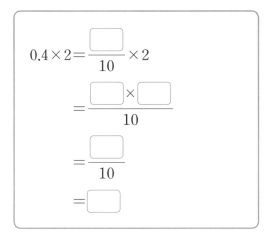

$$0.4 \times 2 = \frac{\boxed{}}{10} \times 2$$
$$= \frac{\boxed{} \times \boxed{}}{10}$$
$$= \frac{\boxed{}}{10}$$
$$= \boxed{}$$

(2) 0.7×8

(3) 2.4×6

(4) 5.2×8

3 계산해 보세요.

(1) 0.7×4

(2) 3.4×8

화성에 가면 몸무게가 변하나요?

1 화성에서 잰 몸무게는 지구에서 잰 몸무게의 0.4배라고 합니다. 하늘이의 몸무게가 지구에서 42 kg 일 때 화성에서 몇 kg일지 알아보세요.

(1) 화성에서 하늘이의 몸무게는 몇 kg일지 식으로 나타내어 보세요.

(2) 화성에서 하늘이의 몸무게는 몇 kg일지 어림해 보세요.

(3) 화성에서 하늘이의 몸무게는 몇 kg일지 계산해 보세요.

(4) 화성에서 하늘이의 몸무게는 몇 kg일지 (3)과 다른 방법으로 계산해 보세요.

하늘이와 친구들은 넓이의 단위인 1 평에 대하여 대화하고 있습니다. 물음에 답하세요.

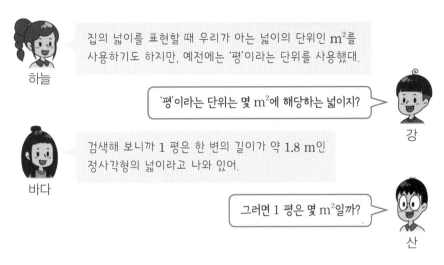

집의 넓이를 표현할 때 우리가 아는 넓이의 단위인 m²를 사용하기도 하지만, 예전에는 '평'이라는 단위를 사용했대. — 하늘

'평'이라는 단위는 몇 m²에 해당하는 넓이지? — 강

검색해 보니까 1 평은 한 변의 길이가 약 1.8 m인 정사각형의 넓이라고 나와 있어. — 바다

그러면 1 평은 몇 m²일까? — 산

(1) 하늘이와 친구들의 대화를 보고 1 평은 몇 m²인지 식으로 나타내어 보세요.

(2) 1 평의 크기를 어림하여 그림에 나타내어 보세요.

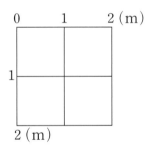

(3) 1 평은 몇 m²인지 계산해 보세요.

(4) 1 평은 몇 m²인지 (3)과 다른 방법으로 계산해 보세요.

101

(자연수)×(소수), (소수)×(소수)의 계산

> **개념 정리** 분수의 곱셈으로 계산하기
>
> $$2 \times 0.3 = 2 \times \frac{3}{10}$$
> $$= \frac{2 \times 3}{10}$$
> $$= \frac{6}{10}$$
> $$= 0.6$$
>
> $$1.6 \times 1.4 = \frac{16}{10} \times \frac{14}{10}$$
> $$= \frac{16 \times 14}{10 \times 10}$$
> $$= \frac{224}{100}$$
> $$= 2.24$$

 1 분수의 곱셈으로 계산해 보세요.

(1) 4×0.8

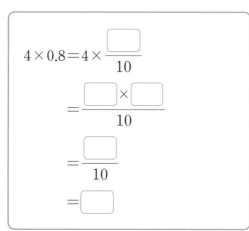

$$4 \times 0.8 = 4 \times \frac{\boxed{}}{10}$$
$$= \frac{\boxed{} \times \boxed{}}{10}$$
$$= \frac{\boxed{}}{10}$$
$$= \boxed{}$$

(2) 6×2.4

(3) 0.7×1.3

(4) 3.5×2.9

개념 정리 자연수의 곱셈으로 계산하기

$$3 \times 6 = 18$$
$$\downarrow \tfrac{1}{10}\text{배} \qquad \downarrow \tfrac{1}{10}\text{배}$$
$$0.3 \times 6 = 1.8$$

$$5 \times 9 = 45$$
$$\downarrow \tfrac{1}{10}\text{배} \quad \downarrow \tfrac{1}{10}\text{배} \quad \downarrow \tfrac{1}{100}\text{배}$$
$$0.5 \times 0.9 = 0.45$$

$$7 \times 8 = 56$$
$$\downarrow \tfrac{1}{10}\text{배} \qquad \downarrow \tfrac{1}{10}\text{배}$$
$$7 \times 0.8 = 5.6$$

$$18 \times 27 = 486$$
$$\downarrow \tfrac{1}{10}\text{배} \quad \downarrow \tfrac{1}{10}\text{배} \quad \downarrow \tfrac{1}{100}\text{배}$$
$$1.8 \times 2.7 = 4.86$$

2 자연수의 곱셈으로 계산해 보세요.

(1) 3×0.9

(2) 1.5×1.5

3 계산해 보세요.

(1) 0.8×0.3

(2) 7.4×5.9

곱의 소수점 위치

1 계산식에서 찾을 수 있는 규칙을 설명해 보세요.

$2.65 \times 1 = 2.65$	$2650 \times 1 = 2650$
$2.65 \times 10 = 26.5$	$2650 \times 0.1 = 265$
$2.65 \times 100 = 265$	$2650 \times 0.01 = 26.5$
$2.65 \times 1000 = 2650$	$2650 \times 0.001 = 2.65$

2 곱하는 수의 소수점 위치와 곱한 결과의 소수점 위치의 관계를 알아보세요.

(1) 0.8×3을 분수의 곱셈으로 계산해 보세요.

(2) 0.8×0.3을 분수의 곱셈으로 계산해 보세요.

(3) (1), (2)를 8×3의 계산 결과와 연결하여 곱의 소수점 위치가 달라지는 이유를 써 보세요.

 3 여러 가지 계산을 관찰하고 곱의 소수점 위치에 대한 규칙을 설명해 보세요.

$4 \times 9 = 36$	$4 \times 0.9 = 3.6$	$0.4 \times 0.9 = 0.36$
$0.4 \times 9 = 3.6$	$4 \times 0.09 = 0.36$	$0.4 \times 0.09 = 0.036$
$0.04 \times 9 = 0.36$	$4 \times 0.009 = 0.036$	$0.04 \times 0.09 = 0.0036$

4 주어진 계산식을 이용하여 계산해 보세요.

$$3.8 \times 26 = 98.8$$

(1) 3.8×2.6　　　　　(2) 3.8×0.26　　　　　(3) 0.38×26

 5 소수점 위치의 규칙을 이용하여 계산해 보세요.

(1)
$$\begin{array}{r} 4 \\ \times\ 2.7 \\ \hline \end{array}$$

(2)
$$\begin{array}{r} 3.9 \\ \times\ 1.5 \\ \hline \end{array}$$

개념 정리 소수의 곱셈에서 소수점 위치

곱한 결과의 소수점 아래 자리 수는 곱하는 두 수의 소수점 아래 자리 수를 더한 것과 같습니다.

따라서 0.5×0.3은 곱하는 두 수의 소수점 아래 자리 수가 각각 한 자리이므로, 소수점 아래 자리

수를 더하면 두 자리가 되어, 계산 결과는 소수 두 자리 수인 0.15입니다.

$$0.\underline{5} \quad \times \quad 0.\underline{3} \quad = \quad 0.\underline{15}$$

소수 한 자리 수　　소수 한 자리 수 ➡ 소수 두 자리 수

소수의 곱셈

스스로 정리 소수의 곱셈을 여러 가지 방법으로 해결해 보세요.

1 0.3×5

2 1.8×2.34

개념 연결 계산해 보세요.

주제	계산하고 설명하기
자연수의 곱셈	9×4를 덧셈식으로 계산하고 그 방법을 설명해 보세요.
분수의 곱셈	$\dfrac{3}{10} \times \dfrac{12}{10}$를 계산하고 그 방법을 설명해 보세요.

1 자연수의 곱셈과 분수의 곱셈이 소수의 곱셈에 어떻게 연결되는지 친구에게 편지로 설명해 보세요.

선생님 놀이

1 산이는 지난 한 주 동안 운동장 1.4 km 달리기를 3회, 산책로 2.6 km 걷기를 2회, 인라인 스케이트 3.2 km 코스 타기를 2회 했습니다. 산이가 지난 한 주 동안 운동한 거리는 몇 km 인지 구하고 어떻게 구했는지 설명해 보세요.

2 하늘이네 학교에서 놀이터의 가로와 세로를 각각 1.5배씩 늘려 새로운 놀이터를 만들려고 합니다. 새로운 놀이터의 넓이를 구하고 어떻게 구했는지 설명해 보세요.

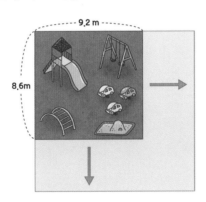

소수의 곱셈은
이렇게 연결돼요

 5-2
분수의 곱셈

5-2
소수의 곱셈

 6-1
(소수)÷(자연수)

6-2
(소수)÷(소수)

107

1 0.1의 개수로 계산해 보세요.

(1) 0.2 × 4

> ① 0.1이 몇 개인지 나타내어 보세요.
>
> ② 0.2 × 4 = 0.1 × ☐ × ☐
>   = 0.1 × ☐ = ☐
>
> ③ 0.1이 모두 ☐ 개이므로
>   0.2 × 4 = ☐ 입니다.

(2) 0.7 × 3

> ① 0.1이 몇 개인지 나타내어 보세요.
>
> ② 0.7 × 3 = 0.1 × ☐ × ☐
>   = 0.1 × ☐ = ☐
>
> ③ 0.1이 모두 ☐ 개이므로
>   0.7 × 3 = ☐ 입니다.

(3) 1.9 × 2

> ① 0.1이 몇 개인지 나타내어 보세요.
>
> ② 1.9 × 2 = 0.1 × ☐ × ☐
>   = 0.1 × ☐ = ☐
>
> ③ 0.1이 모두 ☐ 개이므로
>   1.9 × 2 = ☐ 입니다.

2 주스 한 병에 들어 있는 주스의 양은 1.8 L입니다. 주스 4병에 들어 있는 주스의 양은 모두 몇 L인가요?

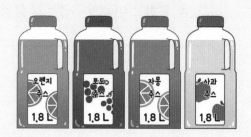

> 풀이

(   )

3 분수의 곱셈으로 계산해 보세요.

(1) 0.2 × 8

(2) 0.7 × 0.4

(3) 1.4 × 1.5

(4) 2.1 × 0.32

4 계산 결과가 같은 것끼리 이어 보세요.

2.3×46 •

23×0.46 •

• 0.23×4.6

• 2.3×4.6

• 23×4.6

8 계산 결과를 비교하여 ○ 안에 >, =, <를 알맞게 써넣으세요.

(1) 0.6×8 ○ 0.9×5

(2) 7.3×0.8 ○ 1.4×6.1

5 자연수의 곱셈으로 계산해 보세요.

(1) 4×0.9

(2) 1.8×2.5

9 계산해 보세요.

(1)
$$\begin{array}{r} 0.7 \\ \times\ \ \ \ 8 \\ \hline \end{array}$$

(2)
$$\begin{array}{r} 5.9 \\ \times\ 6.4 \\ \hline \end{array}$$

6 계산 결과의 알맞은 위치에 소수점을 찍어 보세요.

(1) 6.7×328=2 1 9 7 6

(2) 736×0.94=6 9 1 8 4

10 강이의 한 걸음은 0.57 m입니다. 강이가 교실 앞에서 뒤까지 12걸음을 걸었다면, 강이가 걸은 거리는 몇 m인지 구해 보세요.

(   )

7 바다는 친구들과 땅따먹기 놀이를 합니다. 바다의 땅은 한 변이 0.6 m, 다른 한 변이 0.3 m인 직사각형 모양일 때 바다의 땅의 넓이는 몇 m^2인지 구해 보세요.

(   )

11 머리카락이 한 달에 1.5 cm 자란다고 할 때 3달 동안에는 몇 cm가 자라는지 구해 보세요.

(   )

1 계산 결과가 1보다 큰 것을 모두 찾아 기호를 써 보세요.

⊙ 0.5×2 ⓛ 1.5×0.5 ⓒ 0.6×1.7 ⓔ 0.2×0.8 ⓜ 1.2×0.9

(   )

2 하늘이는 아침마다 1.3 km씩 달리기를 합니다. 하늘이가 일주일 동안 매일 달린 거리는 모두 몇 km인지 구해 보세요.

풀이

(   )

3 한 시간에 54.2 km씩 가는 자동차가 있습니다. 이 자동차가 같은 빠르기로 1시간 30분 동안 갈 수 있는 거리는 몇 km인가요?

(   )

4 직사각형의 넓이는 몇 cm²인지 구해 보세요.

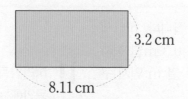

3.2 cm

8.11 cm

식 _____   답 _____

5 분수의 곱셈으로 계산해 보세요.

$$8.7 \times 7.8$$

풀이

(   )

6 계산 결과의 알맞은 위치에 소수점을 찍어 보세요.

(1)
```
      4 2
  × 0.0 3
    1 2 6
```

(2)
```
    0.0 3 5
  ×     8 7
    3 0 4 5
```

7 마라톤은 42.195 km를 달리는 경기입니다. 산이 아버지가 마라톤 경기에 5번 참가하여 모두 완주했을 때, 달린 거리는 몇 km인지 구해 보세요.

(   )

8 평행사변형의 넓이는 몇 cm²인지 구해 보세요.

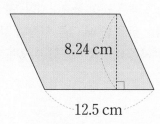

8.24 cm

12.5 cm

(   )

5 상자 모양의 특징은 무엇인가요?

직육면체

★ 직육면체와 정육면체를 알고, 구성 요소와 성질을 이해할 수 있어요.

★ 직육면체와 정육면체의 겨냥도와 전개도를 그릴 수 있어요.

꼬리에 꼬리를 무는 개념

3-1-2

사각형
- 수직과 수선 알고 수선 긋기
- 평행과 평행선 알기
- 평행선 사이의 거리 알기
- 사다리꼴, 평행사변형, 마름모, 직사각형, 정사각형 알기

5-2-5

각기둥과 각뿔
- 각기둥과 각뿔을 이해하기
- 각기둥의 전개도를 이해하고 그리기
- 각기둥과 각뿔에서 꼭짓점의 수, 면의 수, 모서리의 수 알기

4-2-4

평면도형
- 선분, 반직선, 직선 알아보기
- 각과 직각 이해하기
- 직각삼각형, 직사각형, 정사각형 이해하기

직육면체
- 직육면체와 정육면체 알아보기
- 직육면체의 성질 알아보기
- 직육면체의 겨냥도를 이해하기
- 정육면체와 직육면체의 전개도를 이해하기

6-1-2

스스로 계획 짜기

1일차	2일차	3일차	4일차	5일차
____월 ____일	____월 ____일	____월 ____일	____월 ____일	____월 ____일

6일차
____월 ____일

기억하기

1-1 여러 가지 모양 상자 모양

4-1 4-2 직사각형 수직과 평행

5-2 합동과 대칭

기억 1 상자 모양

 모양은 뾰족한 부분이 있고, 평평한 부분이 있습니다. 여러 개를 잘 쌓을 수 있습니다.

1 나머지와 <u>다른</u> 모양을 찾아 기호를 쓰고 어떤 특징이 있는지 써 보세요.

가 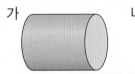 나 다   라

기억 2 직사각형과 정사각형

직사각형: 네 각이 모두 직각인 사각형을 직사각형이라고 합니다.

정사각형: 네 각이 모두 직각이고 네 변의 길이가 모두 같은 사각형을 정사각형이라고 합니다.

2 가~바의 공통점과 차이점을 써 보세요.

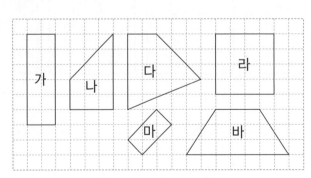

공통점   차이점

114

- 두 직선이 만나서 이루는 각이 직각일 때, 두 직선은 서로 수직이라고 합니다.
- 한 직선에 수직인 두 직선을 그었을 때, 그 두 직선은 서로 만나지 않습니다. 이와 같이 서로 만나지 않는 두 직선을 평행하다고 합니다.

 주어진 선에 수직인 선과 평행인 선을 그어 보세요. (준비물: 자)

- 모양과 크기가 같아서 포개었을 때 완전히 겹쳐지는 두 도형을 서로 합동이라고 합니다.

 나머지 세 도형과 합동이 아닌 것을 찾아 기호를 써 보세요.

가   나   다   라

(   )

 주어진 도형과 합동인 도형을 그려 보세요.

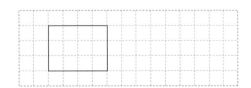

상자 모양의 특징은 무엇인가요?

 상자 모양을 보고 알 수 있는 특징을 설명해 보세요.

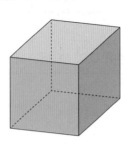

2 두 모양의 공통점과 차이점을 써 보세요.

가 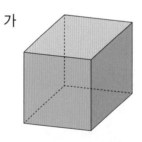   나

공통점	차이점

3 두 모양의 공통점과 차이점을 써 보세요.

가 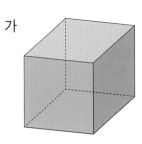   나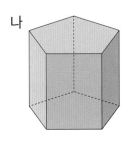

공통점	차이점

4 두 상자 모양의 공통점과 차이점을 써 보세요.

가 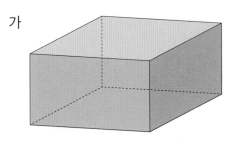   나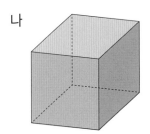

공통점	차이점

직육면체와 그 구성 요소

개념 정리 직육면체와 구성 요소

• 직사각형 6개로 둘러싸인 도형을 직육면체라고 합니다.

• 직육면체에서 선분으로 둘러싸인 부분을 면이라 하고, 면과 면이 만나는 선분을 모서리라고 합니다. 또, 모서리와 모서리가 만나는 점을 꼭짓점이라고 합니다.

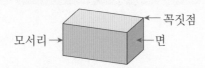

---

1 직육면체를 보고 물음에 답하세요.

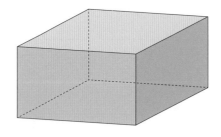

(1) 꼭짓점은 모두 몇 개인지 써 보세요.

(2) 모서리는 모두 몇 개인지 써 보세요.

(3) 면은 모두 몇 개인지 써 보세요.

2 직육면체의 선과 직사각형의 선이 같은지 다른지 확인하고 다르다면 어떻게 다른지 설명해 보세요.

3 주변에서 직육면체 모양의 물건을 찾아 써 보세요.

4 다음 도형들이 직육면체인지 알아보고 직육면체가 아니면 그 이유를 써 보세요.

(1)
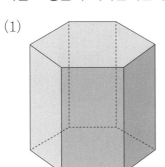

직육면체가 (맞습니다 , 아닙니다).

이유

(2)
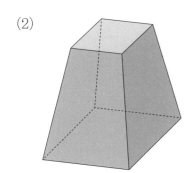

직육면체가 (맞습니다 , 아닙니다).

이유

(3)
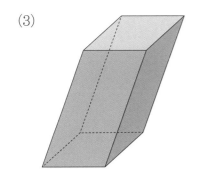

직육면체가 (맞습니다 , 아닙니다).

이유

정육면체의 뜻과 성질

개념 정리 | 정육면체

정사각형 6개로 둘러싸인 도형을 정육면체라고 합니다.

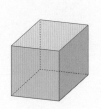

1 여러 가지 상자 모양이 있습니다. 직육면체와 정육면체를 찾아 써 보세요.

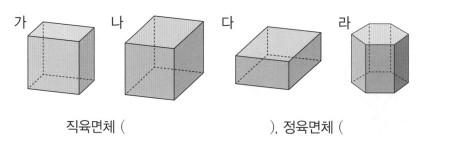

가　나　다　라

직육면체 (　　　　　　), 정육면체 (　　　　　　　　　　)

2 정육면체를 보고 물음에 답하세요.

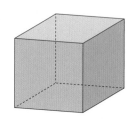

(1) 꼭짓점은 모두 몇 개인지 써 보세요.

(　　　　　　　)

(2) 모서리는 모두 몇 개인지 써 보세요.

(　　　　　　　)

(3) 면은 모두 몇 개인지 써 보세요.

(　　　　　　　)

(4) 면의 모양은 어떤 다각형인지 써 보세요.

(　　　　　　　)

3. 직육면체와 정육면체의 공통점과 차이점을 써 보세요.

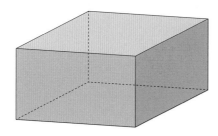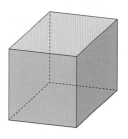

공통점	차이점

4. 정육면체의 특징을 설명해 보세요.

5. 주변에서 정육면체 모양의 물건을 찾아 써 보세요.

6. 다음 도형이 정육면체인지 알아보고 아니면 이유를 써 보세요.

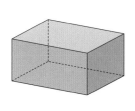

정육면체가 (맞습니다 , 아닙니다).

 이유

직육면체의 성질

개념 정리 | **직육면체의 밑면**

- 그림과 같이 직육면체에서 색칠한 두 면처럼 계속 늘여도 만나지 않는 두 면을 서로 평행하다고 합니다. 이때 서로 평행한 두 면을 직육면체의 밑면이라고 합니다.

- 직육면체에는 평행한 면이 3쌍 있고 각각 밑면이 될 수 있습니다.

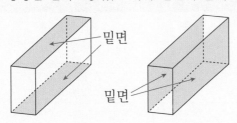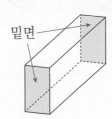

1 도형을 보고 물음에 답하세요.

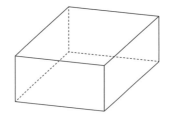

(1) 서로 평행한 면의 쌍을 모두 색칠해 보세요.

(2) 서로 평행한 면은 모두 몇 쌍인지 구해 보세요.

(   )

(3) 서로 평행한 면은 직육면체에서 어떤 면이 되나요?

(   )

- 직육면체의 면의 수직

  삼각자 3개를 그림과 같이 놓았을 때 면 ㄱㄴㄷㄹ과 면 ㄷㅅㅇㄹ은 수직입니다. 또 면 ㄴㅂㅅㄷ과 면 ㄷㅅㅇㄹ, 면 ㄱㄴㄷㄹ과 면 ㄴㅂㅅㄷ도 각각 수직입니다.

- 직육면체의 옆면

  직육면체에서 밑면과 수직인 면을 직육면체의 옆면이라고 합니다.

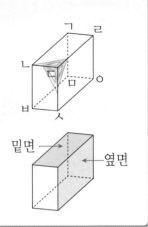

 도형을 보고 물음에 답하세요.

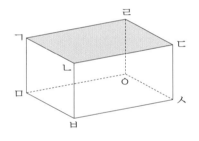

(1) 면 ㄱㄴㄷㄹ과 평행한 면을 찾아 써 보세요.

(2) 면 ㄱㄴㄷㄹ과 수직인 면을 모두 찾아 써 보세요.

(3) 면 ㄱㄴㄷㄹ과 수직인 면은 모두 몇 개인지 써 보세요.

바라보는 방향에 따라서 창고가 어떻게 그려질까요?

1 산이와 강이는 직육면체 모양의 창고를 다양한 방향에서 관찰하고 있습니다. 물음에 답하세요.

드론

산   강

(1) 산이의 위치에서 본다면 직육면체가 어떻게 보일지 그려 보세요.

(2) 강이의 위치에서 본다면 직육면체가 어떻게 보일지 그려 보세요.

(3) 드론의 위치에서 본다면 직육면체가 어떻게 보일지 그려 보세요.

(4) 산, 강, 드론의 위치에서 보이는 직육면체의 면은 각각 몇 개인지 써 보세요.

산 (   ), 강 (   ), 드론 (   )

2 직육면체를 보고 물음에 답하세요.

(1) 산이는 직육면체를 모서리에 그어진 빨간색 선을 따라 잘랐습니다. 잘라서 펼치면 어떤 모양이 되는지 그려 보세요.

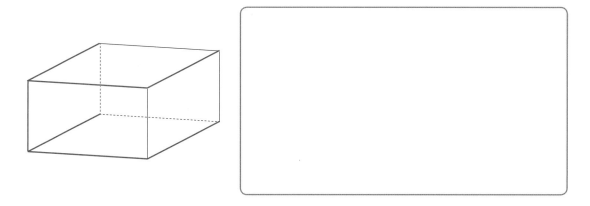

(2) (1)과 다른 모양을 만들기 위해서 직육면체를 모서리에 그어진 파란색 선을 따라 잘랐습니다. 잘라서 펼치면 어떤 모양이 되는지 그려 보세요.

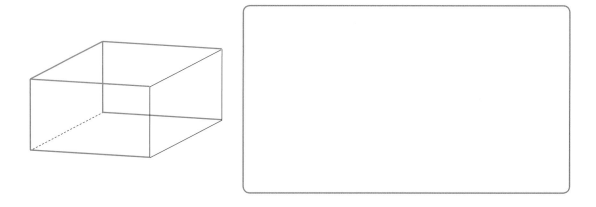

(3) (1), (2)와 다른 모양을 만들기 위해서 직육면체를 모서리에 그어진 초록색 선을 따라 잘랐습니다. 잘라서 펼치면 어떤 모양이 되는지 그려 보세요.

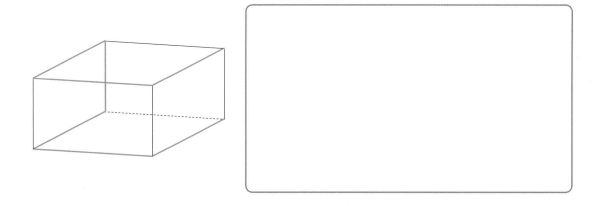

개념활용 2-1

직육면체의 겨냥도 그리기

1 가~마는 직육면체를 여러 방향에서 본 모양입니다. 어느 방향에서 본 것인지 직육면체에 화살표로 나타내어 보세요.

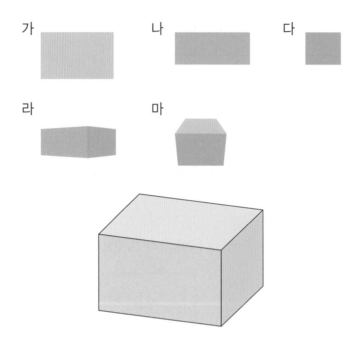

가　나　다

라　마

개념 정리　직육면체의 겨냥도

- 직육면체 모양을 잘 알 수 있도록 그린 그림을 직육면체의 겨냥도라고 합니다.
- 겨냥도에서 보이는 모서리는 실선으로, 보이지 않는 모서리는 점선으로 그립니다.

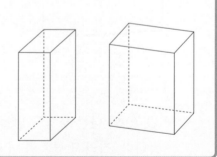

---

2 직육면체의 겨냥도를 완성해 보세요.

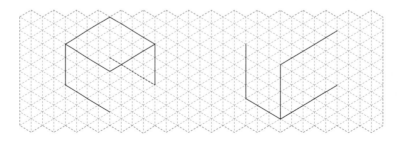

 3 직육면체를 보고 물음에 답하세요.

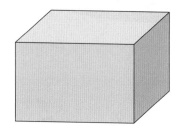

(1) 보이는 면의 개수와 보이지 않는 면의 개수를 각각 써 보세요.

(2) 보이는 꼭짓점의 개수와 보이지 않는 꼭짓점의 개수를 각각 써 보세요.

(3) 보이는 모서리의 개수와 보이지 않는 모서리의 개수를 각각 써 보세요.

 4 겨냥도를 보고 물음에 답하세요.

가   나   다

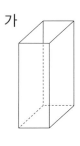 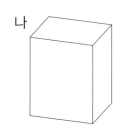 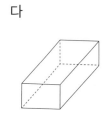

(1) 가 겨냥도가 옳게 그려졌는지 판단하고, 옳지 않다면 이유를 써 보세요.

(2) 나 겨냥도가 옳게 그려졌는지 판단하고, 옳지 않다면 이유를 써 보세요.

(3) 다 겨냥도가 옳게 그려졌는지 판단하고, 옳지 않다면 이유를 써 보세요.

개념활용 2-2
직육면체의 전개도 그리기

1 그림을 보고 물음에 답하세요.

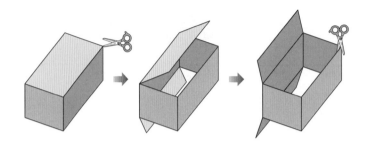

(1) 직육면체를 그림과 같이 모서리를 따라 자르면 어떤 모양이 되는지 그려 보세요.

(2) 직육면체를 (1)과 같이 자르지 않고 다른 모서리를 이용해서 자르면 어떤 모양이 되는지 그려 보세요.

개념 정리 전개도

• 직육면체의 모서리를 잘라서 펼친 그림을 직육면체의 전개도라고 합니다.
• 직육면체의 전개도에서 잘린 모서리는 실선으로, 잘리지 않은 모서리는 점선으로 그립니다.

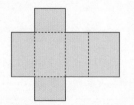

2 전개도를 접어서 직육면체를 만들었을 때 물음에 답하세요.

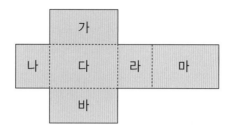

(1) 면 **나**와 평행한 면을 찾아 써 보세요.

(2) 면 **나**와 수직인 면을 모두 찾아 써 보세요.

3 전개도를 접어서 직육면체를 만들었을 때 물음에 답하세요.

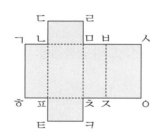

(1) 선분 ㅌㅍ과 겹치는 선분을 찾아 써 보세요.

(2) 선분 ㄱㅎ과 겹치는 선분을 찾아 써 보세요.

4 직육면체의 전개도를 완성해 보세요.

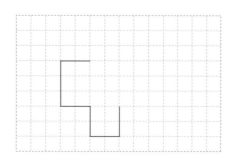

정육면체의 전개도

1 정육면체의 전개도를 완성해 보세요.

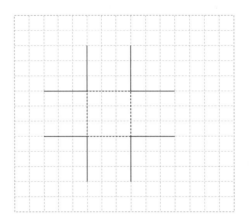

2 직육면체의 전개도와 정육면체의 전개도의 공통점을 써 보세요.

3 정육면체의 전개도를 5개 그려 보세요.

 4 전개도를 접어서 정육면체를 만들었을 때 물음에 답하세요.

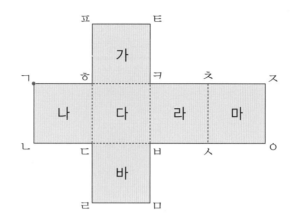

(1) 점 ㄱ과 만나는 점을 모두 찾아 써 보세요.

(2) 선분 ㄱㄴ과 겹치는 선분을 찾아 써 보세요.

(3) 면 나와 평행한 면을 찾아 써 보세요.

(4) 면 라와 수직인 면을 찾아 써 보세요.

 5 전개도를 접었을 때 정육면체가 되는지 알아보고, 그 이유를 써 보세요.

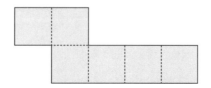

직육면체

스스로 정리 | 직육면체와 정육면체에 대해 정리해 보세요.

1 직육면체의 뜻과 구성 요소

2 정육면체의 뜻

개념 연결 | 주제에 알맞은 내용을 정리해 보세요.

주제	뜻 쓰기
직사각형과 정사각형	
수직과 평행	

---

1 직사각형, 수직, 평행을 이용하여 직육면체의 밑면과 옆면을 친구에게 편지로 설명해 보세요.

선생님 놀이

1 직육면체와 정육면체의 전개도를 그리고, 그 과정을 다른 사람에게 설명해 보세요.

2 다음 그림이 정육면체의 전개도인지 알아보고, 아니라면 전개도가 될 수 있도록 면을 옮겨 그림을 고친 다음 다른 사람에게 설명해 보세요.

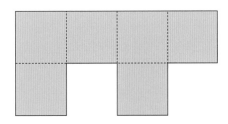

직육면체는 이렇게 연결돼요 👓

4-2
사각형

5-2
직육면체

6-1
각기둥과 각뿔

6-1
직육면체의
겉넓이와 부피

1 직육면체를 찾아 기호를 써 보세요.

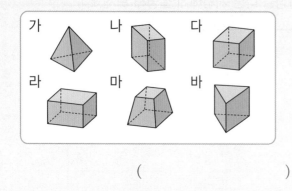

(   )

2 꼭짓점 ㅁ과 만나지 않는 면을 모두 써 보세요.

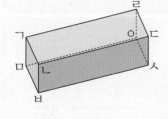

3 정육면체의 꼭짓점, 모서리, 면의 수를 각각 구해 보세요.

꼭짓점 (   )

모서리 (   )

면 (   )

4 정육면체에서 보이는 꼭짓점, 모서리, 면의 수를 각각 구해 보세요.

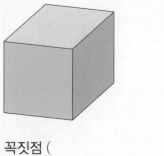

꼭짓점 (   )

모서리 (   )

면 (   )

5 도형을 보고 물음에 답하세요.

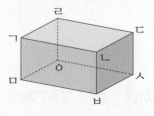

(1) 면 ㄴㅂㅅㄷ과 평행한 면을 찾아보세요.

(   )

(2) 면 ㄱㄴㄷㄹ과 수직인 면을 모두 써 보세요.

6 정육면체의 전개도를 완성해 보세요.

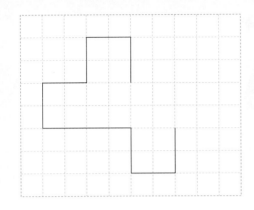

7 정육면체의 전개도를 접었을 때, 점 ㅌ을 지나는 선분을 모두 써 보세요.

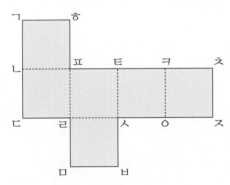

8 직육면체의 겨냥도를 완성해 보세요.

(1)　　　　　　(2)

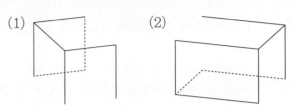

9 직육면체에서 한 면에 수직인 면은 모두 몇 개인가요?

(　　　　　　　　)

10 평행한 면의 눈의 개수의 합이 7이 되도록 주사위를 완성해 보세요.

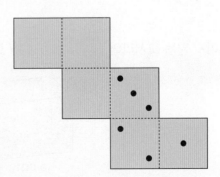

1 도형이 직육면체인지 알아보고 그렇게 생각한 이유를 써 보세요.

직육면체가 (맞습니다 , 아닙니다).

이유

2 이 전개도를 접어 직육면체를 만들 수 있는지 알아보고 만들 수 없다면 그 이유를 써 보세요.

직육면체를 만들 수 (있습니다 , 없습니다).

이유

3 정육면체의 모든 모서리의 길이의 합이 84 cm일 때, 한 모서리의 길이는 얼마인지 구해 보세요.

(   )

4 보이지 않는 모서리의 길이의 합을 구해 보세요.

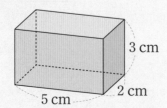

3 cm

2 cm

5 cm

(   )

5 겨냥도에서 잘못 그려진 부분을 모두 찾아 기호를 쓰고 잘못된 이유를 써 보세요.

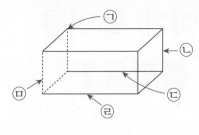

잘못 그린 부분은 (　　　　　　　　　　)입니다.

> 이유

6 정육면체와 직육면체를 비교해서 설명해 보세요.

> 설명

7 직육면체의 전개도를 그려 보세요.

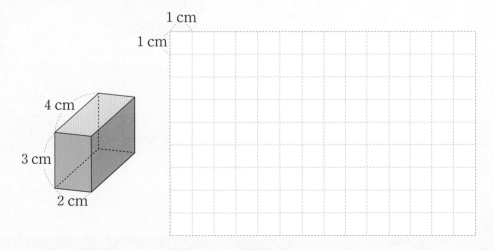

6 평평하게 높이를 맞춰 볼까요?

평균과 가능성

✹ 평균의 의미를 알고, 주어진 자료의 평균을 구할 수 있어요.

✹ 일이 일어날 가능성을 수나 말로 표현할 수 있어요.

✹ 일이 일어날 가능성을 비교할 수 있어요.

☑ Check

**스스로
다짐하기**

☐ 정확하고 빠른 것이 중요하지만, 왜 그런지 답할 수 있어야 해요.

☐ 설명하는 글을 쓸 때 다른 사람이 읽고 이해할 수 있게 써 보세요.

☐ 배운 내용을 어디에 사용할 수 있을지 생각해 보세요.

꼬리에 꼬리를 무는 개념

꺾은선그래프
4-1-5
- 꺾은선그래프 알기 및 해석하기
- 꺾은선그래프로 나타내기

비와 비율
5-2-6
- 두 수를 비교하기
- 비의 개념을 알고, 비율을 분수, 소수로 나타내기
- 비율을 백분율로 나타내기
- 비율이 사용되는 경우 알아보기

막대그래프
4-2-5
- 막대그래프 내용 및 특징 알기
- 막대그래프 그리기

평균과 가능성
6-1-4
- 평균의 의미와 필요성 알고 여러 가지 방법으로 평균 구하기
- 평균을 이용하여 문제 해결하기
- 일이 일어날 가능성을 말과 수로 표현하기

스스로 계획 짜기

1일차	2일차	3일차	4일차	5일차
_____ 월 _____ 일	_____ 월 _____ 일	_____ 월 _____ 일	_____ 월 _____ 일	_____ 월 _____ 일

6일차	7일차
_____ 월 _____ 일	_____ 월 _____ 일

3-2	4-1	4-2
자료의 정리	막대그래프	꺾은선그래프

기억 1 막대그래프

올림픽에 참가한 우리나라 선수 수

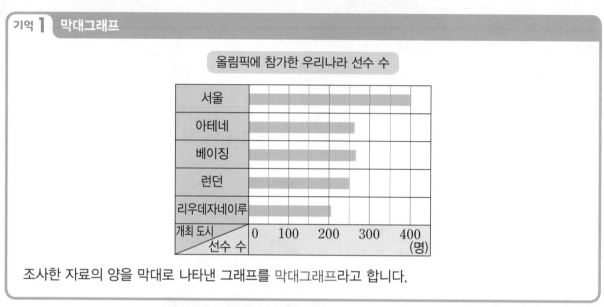

조사한 자료의 양을 막대로 나타낸 그래프를 막대그래프라고 합니다.

1. 강이는 모둠별 수영교육 참가 학생 수를 정리한 표를 보고 막대그래프로 나타내고 있습니다. 막대그래프를 완성해 보세요.

모둠별 수영교육 참가 학생 수

모둠	1	2	3	4	5
학생 수(명)	4	3	2	5	4

모둠별 수영교육 참가 학생 수

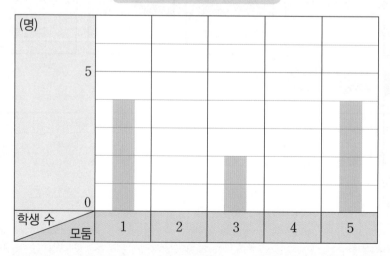

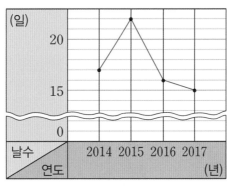

황사가 발생하여 계속된 날수

(출처: 황사 발생 빈도, 기상청 국가 기후 데이터 센터, 2018.)

수량을 점으로 표시하고, 그 점들을 선분으로 이어 그린 그래프를 꺾은선그래프라고 합니다.

≈은 물결선이라고 하고 꺾은선그래프에서 자료의 값을 더 정확하게 나타내기 위해 사용합니다.

2 산이의 키를 측정하여 표로 나타낸 자료를 꺾은선그래프로 나타냈습니다. 변화하는 모습이 더 잘 나타나도록 물결선을 사용한 꺾은선그래프로 나타내어 보세요.

산이의 키

(매년 6월 조사)

나이(세)	8	9	10	11
키(cm)	130	132	136	139

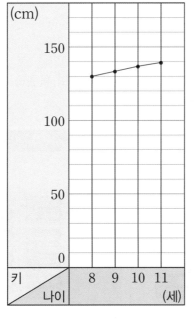

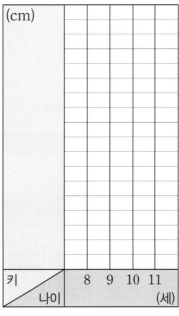

평평하게 높이를 맞춰 볼까요?

1 고리 던지기 놀잇감을 정리하기 위해 기둥에 걸려 있는 고리의 수를 각각 세었습니다. 물음에 답하세요.

(1) 기둥 하나에 고리가 몇 개 정도 걸려 있다고 말할 수 있나요?

(2) 기둥 하나에 고리가 몇 개 정도 걸렸는지 알려면 그림을 어떻게 고쳐야 하나요?

2 하늘이네 모둠과 바다네 모둠 친구들이 일주일 동안 읽은 책을 쌓아 올렸습니다. 책을 더 많이 읽은 모둠은 문화상품권을 선물로 받습니다. 물음에 답하세요.

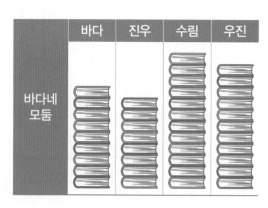

(1) 하늘이네 모둠과 바다네 모둠 친구들이 읽은 책은 각각 몇 권인가요?

하늘이네 모둠	하늘	이정	나래	수민	정민	합계
	권	권	권	권	권	권

바다네 모둠	바다	진우	수림	우진	합계
	권	권	권	권	권

(2) 어느 모둠 친구들이 문화상품권을 받는 것이 공평할까요? 왜 그렇게 생각했는지 설명해 보세요.

(3) 모둠별로 한 명당 읽은 책의 수를 구하려면 그림을 어떻게 바꿔야 하나요?

하늘이네 모둠	하늘	이정	나래	수민	정민

바다네 모둠	바다	진우	수림	우진

대표하는 값 알아보기

1 강이는 구슬 망 6개에 든 구슬의 개수를 각각 세어 보았습니다. 구슬 한 망에 몇 개의 구슬이 들어 있다고 할 수 있는지 알아보세요.

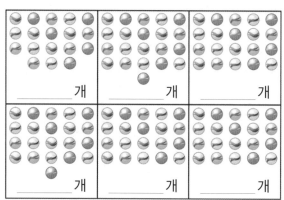

(1) 구슬의 개수를 써넣으세요.

(2) 한 망에 들어 있는 구슬의 개수가 같아지도록 구슬을 화살표로 옮겨 보세요.

(3) 한 망에 구슬이 몇 개 들어 있다고 할 수 있나요?

(   )

(4) 6개의 망에 들어 있는 구슬을 한 통에 다 모을 때, 통에 들어가는 구슬의 수를 구해 보세요.

(   )

(5) 통에 있는 구슬을 다시 6개의 망에 고르게 넣으려고 합니다. 식을 써 보세요.

개념 정리 평균의 뜻

6개의 망에 들어 있는 구슬의 개수를 모두 더해 6으로 나눈 수 20을 한 망의 구슬의 수를 대표하는 값으로 정할 수 있습니다. 자료의 값을 고르게 맞추어 나타낸 수를 평균이라고 합니다.

 2 체험 학습을 가려고 합니다. 그래프와 표를 보고 물음에 답하세요.

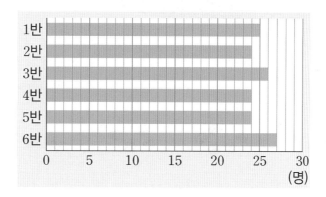

버스 종류	24인용 버스	25인용 버스	26인용 버스
버스 한 대당 가격	30만 원	33만 원	37만 원

(1) 반을 섞어서 버스를 탈 수 있다고 할 때 어떤 버스를 선택해야 교통비를 가장 많이 절약할 수 있을까요? (단, 버스는 한 종류만 고를 수 있습니다.)

(2) (1)에서 선택한 버스로 체험 학습을 가면 교통비는 얼마인가요?

(   )

3 고리 던지기를 5회 하여 들어간 고리 수를 그래프로 나타냈습니다. 물음에 답하세요.

(1) 빨간 선이 평균을 나타낸다면, 4회에는 몇 개의 고리가 들어갔을지 구해 보세요.

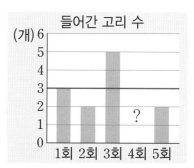

(2) 고리 던지기의 평균이 4개라면 4회에는 몇 개의 고리가 들어갔을지 구해 보세요.

평균 구하기

1 5개의 접시에 놓여 있는 초콜릿을 한 통에 모았다가 다시 접시에 똑같이 나누어 놓으려고 합니다. 물음에 답하세요.

(1) 초콜릿은 모두 몇 개인가요?

( )

(2) 한 통에 모은 초콜릿을 5개의 접시에 똑같이 나누어 놓을 때 한 접시에 몇 개의 초콜릿을 놓을지 식을 쓰고 그림에 화살표를 그려 초콜릿을 옮겨 보세요.

(3) 한 접시에 초콜릿이 평균적으로 몇 개씩 놓여 있나요?

( )

2 하늘이가 5일 동안 줄넘기 이단 뛰기를 한 기록입니다. 물음에 답하세요.

■월 ■화 ■수 ■목 ■금

(1) 하늘이는 5일 동안 이단 뛰기를 모두 몇 번 했나요?

( )

(2) 하늘이는 하루에 이단 뛰기를 몇 번 했다고 할 수 있나요? 방법을 설명해 보세요.

개념 정리 | 평균 구하기

하늘이가 5일 동안 이단 뛰기를 한 횟수를 모두 더해 5로 나누면 하루에 이단 뛰기를 한 횟수의 평균을 구할 수 있습니다.

(5일 동안 이단 뛰기를 한 횟수의 합)÷(일수)=(하루에 이단 뛰기를 한 횟수)

(자료 값의 합)÷(자료의 수)=(평균)

3 강이와 산이네 모둠 친구들이 공기 대결을 한 결과를 보고 바다와 하늘이가 이야기를 나누고 있습니다. 물음에 답하세요.

강이네 모둠	강	수연	준호
공기에서 딴 점수(점)	12	30	24

산이네 모둠	산	아름	서후	민용
공기에서 딴 점수(점)	20	13	14	21

바다: 강이네 모둠에서 딴 점수의 합은 66점이고 산이네 모둠에서 딴 점수의 합은 68점이니까 산이네 모둠이 이겼어.

하늘: 강이네 모둠과 산이네 모둠 점수의 평균을 구해서 비교해야 해.

(1) 대결에 대해 옳게 말한 친구를 고르고 이유를 써 보세요.

(2) 어느 모둠이 이겼는지 쓰고 이유를 설명해 보세요.

사건이 일어날 가능성을 표현해 볼까요?

 강, 하늘, 바다가 한 번에 자유투 10번을 시도하여 얻은 점수를 적은 표입니다. 물음에 답하세요.

	1회	2회	3회	4회	5회
강	9	10	6	7	8
하늘	5	3	6	4	2
바다	0	1	2	1	1

(1) 강, 하늘, 바다가 각각 평균 몇 점을 얻었는지 구해 보세요.

강 (   ), 하늘 (   ), 바다 (   )

(2) 6회 때 점수가 가장 높을 것 같은 친구는 누구인가요? 이유를 써 보세요.

(3) 6회 때 점수가 가장 낮을 것 같은 친구는 누구인가요? 이유를 써 보세요.

2 다트판이 5개 있습니다. 빨간색을 맞히면 당첨이 될 때 물음에 답하세요.

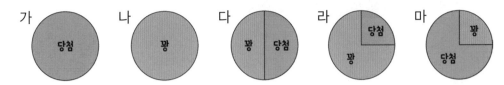

(1) 다트를 1번 던져서 당첨이 되고 싶다면, 어떤 다트판을 선택해야 유리한지 순서대로 써 보세요.

(   )

(2) "다트를 1번 던져서 당첨이 될 것이다"라는 말에 대하여 알맞은 말에 ○표 해 보세요.

	불가능하다	아닐 것 같다	반반이다	그럴 것 같다	확실하다
가					
나					
다					
라					
마					

(3) 다에서 당첨은 전체의 몇 분의 몇인지 분수로 나타내어 보세요.

(   )

(4) 다에서 꽝은 전체의 몇 분의 몇인지 분수로 나타내어 보세요.

(   )

(5) 가에서 당첨은 전체의 몇 분의 몇인지 분수로 나타내어 보세요.

(   )

(6) 나에서 꽝은 전체의 몇 분의 몇인지 분수로 나타내어 보세요.

(   )

가능성 비교하기

1 강이와 산이는 같은 지점에서 5개의 공을 찼을 때 골대에 공을 더 많이 넣는 친구가 이기는 시합을 하고 있습니다. 물음에 답하세요.

(1) 어떤 친구가 공을 더 많이 넣을까요? 이유를 설명해 보세요.

(2) 처음 5개의 공으로 시합을 했을 때 강이와 산이의 점수가 5 : 0이었다면 4개의 공을 더 찼을 때는 누가 이길까요? 이유를 설명해 보세요.

개념 정리 사건이 일어날 가능성

가능성은 어떠한 상황에서 특정한 일이 일어나길 기대할 수 있는 정도를 말합니다. 가능성의 정도는 불가능하다, ~아닐 것 같다, 반반이다, ~일 것 같다, 확실하다 등으로 표현할 수 있습니다.

---

2 문장을 읽고 알맞은 곳에 ○표 해 보세요.

	불가능 하다	아닐 것 같다	반반이다	그럴 것 같다	확실하다
친구와 가위바위보를 해서 이길 것이다.					
계산기에 1+1을 누르면 2가 나올 것이다.					
3시에 시작하는 수업을 1시간 동안 듣고 나면 6시일 것이다.					
주사위를 던졌을 때 주사위 눈의 수는 짝수일 것이다.					

3 보기 의 단어를 아래 수직선과 연결하려고 합니다. 빈칸을 채워 보세요.

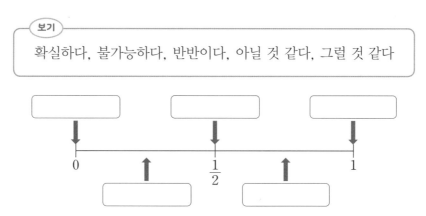

보기
확실하다, 불가능하다, 반반이다, 아닐 것 같다, 그럴 것 같다

[ ]   [ ]   [ ]

0        $\frac{1}{2}$ 1

[ ]   [ ]

개념 정리 수로 가능성 나타내기

가능성을 수로 나타내면 확실한 상황은 1, 불가능한 상황은 0, 반반인 상황은 $\frac{1}{2}$로 나타낼 수 있습니다.

4 다트판에 다트를 한 번 던진다고 할 때 물음에 답하세요.

가   나   다
당첨   꽝   꽝 당첨

(1) 가에 다트를 던져 당첨될 가능성을 수직선에 표시해 보세요.

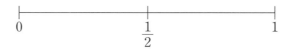

0        $\frac{1}{2}$ 1

(2) 나에 다트를 던져 당첨될 가능성을 수직선에 표시해 보세요.

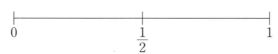

0        $\frac{1}{2}$ 1

(3) 다에 다트를 던져 당첨될 가능성을 수직선에 표시해 보세요.

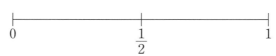

0        $\frac{1}{2}$ 1

평균과 가능성

스스로 정리 평균과 가능성에 대해 정리해 보세요.

1 평균의 뜻과 공식

2 가능성의 뜻과 표현

개념 연결 그래프의 뜻과 특징을 정리해 보세요.

주제	그래프의 뜻과 특징
막대그래프	
꺾은선그래프	

1 막대그래프와 꺾은선그래프가 평균에 어떻게 연결되는지 친구에게 편지로 설명해 보세요.

1. 강이와 하늘이가 과녁 맞히기를 한 결과를 표로 나타내었습니다. 두 사람 중 과녁 맞히기 대표 선수로 적당한 사람은 누구인지 고르고 그 이유를 다른 사람에게 설명해 보세요.

강	1회	2회	3회	4회	5회
기록(점)	2	4	4	3	5

하늘	1회	2회	3회	4회
기록(점)	3	4	5	4

2. 주사위를 한 번 던질 때 주어진 일이 일어날 가능성을 말로 표현하고 수로 나타낸 다음 그 이유를 다른 사람에게 설명해 보세요.

일	말로 표현하기	수로 나타내기
6 이하의 눈이 나올 가능성		
짝수의 눈이 나올 가능성		
홀수의 눈이 나올 가능성		
10 이상의 눈이 나올 가능성		

평균과 가능성은
이렇게 연결돼요

 4-2 꺾은선그래프

 5-2 평균과 가능성

 6-1 비와 비율

 6-1 여러 가지 그래프

153

1 하늘이는 월요일부터 금요일까지 부모님의 심부름을 하고 용돈을 받았습니다. 5일 동안 하루에 평균 얼마를 받았는지 구해 보세요.

요일	월	화	수	목	금
받은 용돈(원)	1200	3000	2800	500	1000

풀이

( )

2 강이는 가족과 함께 동해로 여행을 떠났습니다. 4시간 동안 260 km를 이동했다면 1시간에 평균 얼마나 이동했는지 구해 보세요.

풀이

( )

3 바다네 반 친구들은 상자에서 공을 뽑는 방법으로 팀을 나누고 있습니다. 흰색 공을 뽑으면 백팀, 파란색 공을 뽑으면 청팀일 때 바다가 백팀일 가능성을 찾아 기호를 써 보세요.

ㄱ 확실하다 ㄴ 그럴 것 같다 ㄷ 반반이다
ㄹ 아닐 것 같다 ㅁ 불가능하다

( )

4 초코볼이 한 봉지에 몇 개 들어 있는지 각각 세어 보았습니다. 물음에 답하세요.

	빨간색	주황색	노란색	파란색	초록색	갈색
봉지 1	5	10	6	5	6	10
봉지 2	7	9	10	10	5	8
봉지 3	6	9	8	8	6	5
봉지 4	8	8	5	5	5	4
봉지 5	4	9	6	7	8	8

(1) 한 봉지에 초코볼이 평균 몇 개씩 들어 있다고 할 수 있나요?

( )

(2) 색깔별 초코볼이 봉지당 평균 몇 개씩 들어 있는지 구하고 한 봉지에 평균적으로 어떤 색깔의 초코볼이 가장 많이 들어 있는지 써 보세요.

풀이

(   )

5 산이네 모둠 친구들이 책을 읽은 시간을 보고 물음에 답하세요.

산	1시간 30분	정민	2시간	정아	1시간	준아	2시간 30분
선미	1시간	민용	1시간 30분	수기	30분	나리	2시간

(1) 자료를 막대그래프로 나타내어 보세요.

(2) 그래프의 막대를 옮겨 막대의 높이를 고르게 맞추어 보세요.

(3) 산이네 모둠 친구들은 한 명당 평균 몇 시간씩 책을 읽었나요?

(   )

6 바다와 하늘이가 동전 던지기 놀이를 하고 있습니다. 물음에 답하세요.

(1) 앞면이 나오면 바다가, 뒷면이 나오면 하늘이가 이긴다고 할 때 바다가 이길 가능성을 수직선에 표시해보세요.

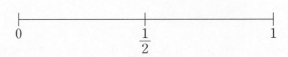

(2) 앞면이 나와도 바다가, 뒷면이 나와도 바다가 이긴다고 할 때 하늘이가 이길 가능성을 수직선에 표시해보세요.

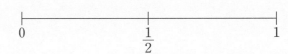

(3) 앞면이 나와도 바다가, 뒷면이 나와도 바다가 이긴다고 할 때 바다가 이길 가능성을 수직선에 표시해보세요.

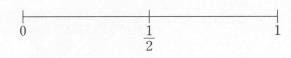

7 제비뽑기 상자에 '당첨' 제비만 10개가 들어 있습니다. 제비를 뽑았을 때 당첨될 가능성을 수로 나타내어 보세요.

(   )

1 강이가 매일 먹은 귤의 개수를 일주일 동안 적은 표입니다. 물음에 답하세요.

강이가 먹은 귤의 개수

요일	월	화	수	목	금	토	일
귤의 개수(개)	6	5		3	6		6

(1) 강이가 먹은 귤의 개수의 평균이 5개라면 수요일과 토요일에 먹은 귤의 합은 몇 개인가요?

( )

(2) 강이가 먹은 귤의 개수의 평균이 6개라면 수요일과 토요일에 먹은 귤의 합은 몇 개인가요?

( )

2 하늘이네 반 학생들의 모둠별 평균 키를 표로 나타내었습니다. 하늘이네 반 학생들의 평균 키는 몇 cm인지 구해 보세요.

하늘이네 반 학생들의 모둠별 평균 키

모둠	1	2	3	4	5
모둠별 평균 키(cm)	125	130	139	132	133
학생 수(명)	4	7	5	6	7

풀이

( )

3 바다네 반 친구들은 운동회에 사용할 과녁판을 만들고 있습니다. 대화를 읽고 ㉠에 칠해질 색깔은 무엇인지 구해 보세요.

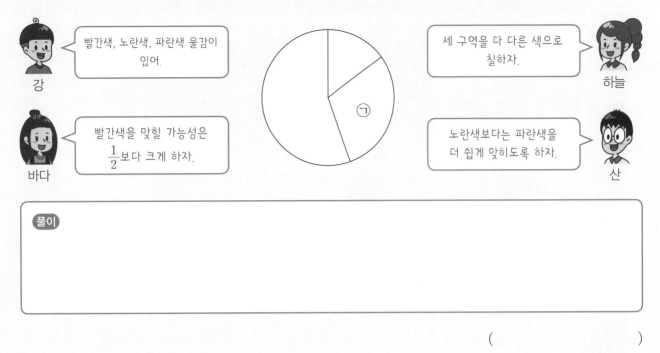

강: 빨간색, 노란색, 파란색 물감이 있어.

바다: 빨간색을 맞힐 가능성은 $\frac{1}{2}$보다 크게 하자.

하늘: 세 구역을 다 다른 색으로 칠하자.

산: 노란색보다는 파란색을 더 쉽게 맞히도록 하자.

풀이

( )

4 강이와 하늘이가 주사위 놀이를 하고 있습니다. 물음에 답하세요.

(1) 4 이상의 수가 나오면 강이가 이긴다고 할 때, 강이가 이길 가능성을 수직선에 표시해 보세요.

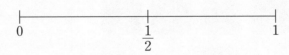

(2) 2 이상의 수가 나오면 강이가 이긴다고 할 때, 강이가 이길 가능성을 수직선에 표시해 보세요.

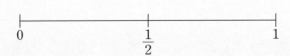

초·중·고 수학 개념연결 지도

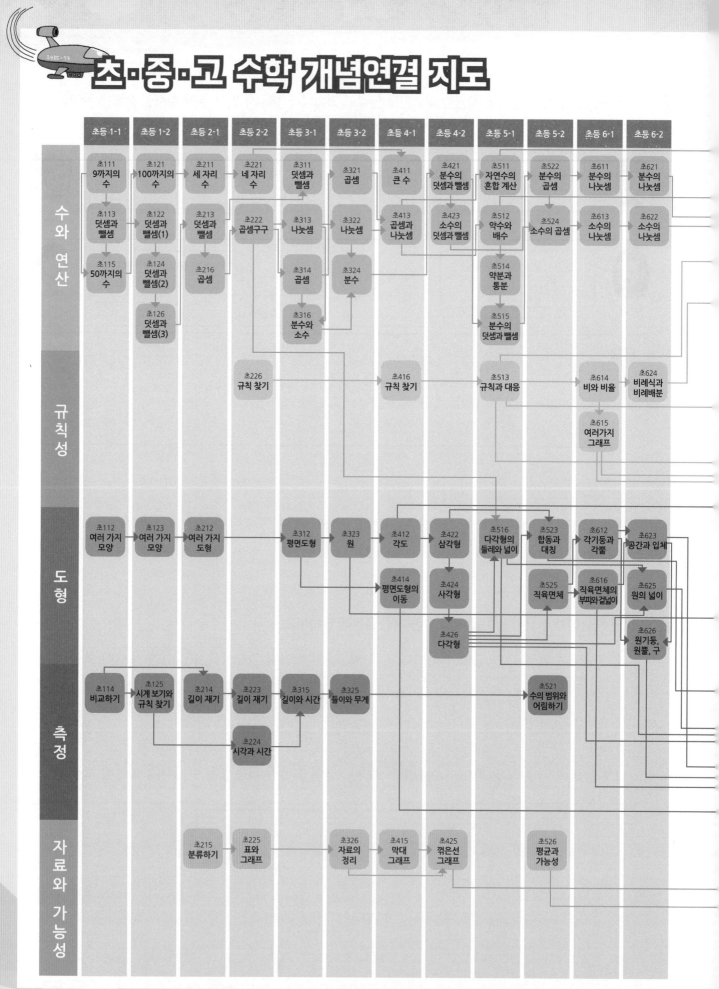

초등 1-1	초등 1-2	초등 2-1	초등 2-2	초등 3-1	초등 3-2	초등 4-1	초등 4-2	초등 5-1	초등 5-2	초등 6-1	초등 6-2

수와 연산

- 초111 9까지의 수
- 초113 덧셈과 뺄셈
- 초115 50까지의 수
- 초121 100까지의 수
- 초122 덧셈과 뺄셈(1)
- 초124 덧셈과 뺄셈(2)
- 초126 덧셈과 뺄셈(3)
- 초211 세 자리 수
- 초213 덧셈과 뺄셈
- 초216 곱셈
- 초221 네 자리 수
- 초222 곱셈구구
- 초311 덧셈과 뺄셈
- 초313 나눗셈
- 초314 곱셈
- 초316 분수와 소수
- 초321 곱셈
- 초322 나눗셈
- 초324 분수
- 초411 큰 수
- 초413 곱셈과 나눗셈
- 초421 분수의 덧셈과 뺄셈
- 초423 소수의 덧셈과 뺄셈
- 초511 자연수의 혼합 계산
- 초512 약수와 배수
- 초514 약분과 통분
- 초515 분수의 덧셈과 뺄셈
- 초522 분수의 곱셈
- 초524 소수의 곱셈
- 초611 분수의 나눗셈
- 초613 소수의 나눗셈
- 초621 분수의 나눗셈
- 초622 소수의 나눗셈

규칙성

- 초226 규칙 찾기
- 초416 규칙 찾기
- 초513 규칙과 대응
- 초614 비와 비율
- 초624 비례식과 비례배분
- 초615 여러가지 그래프

도형

- 초112 여러 가지 모양
- 초123 여러 가지 모양
- 초212 여러 가지 도형
- 초312 평면도형
- 초323 원
- 초412 각도
- 초414 평면도형의 이동
- 초422 삼각형
- 초424 사각형
- 초426 다각형
- 초516 다각형의 둘레와 넓이
- 초523 합동과 대칭
- 초525 직육면체
- 초612 각기둥과 각뿔
- 초616 직육면체의 부피와 겉넓이
- 초623 공간과 입체
- 초625 원의 넓이
- 초626 원기둥, 원뿔, 구

측정

- 초114 비교하기
- 초125 시계 보기와 규칙 찾기
- 초214 길이 재기
- 초223 길이 재기
- 초224 시각과 시간
- 초315 길이와 시간
- 초325 들이와 무게
- 초521 수의 범위와 어림하기

자료와 가능성

- 초215 분류하기
- 초225 표와 그래프
- 초326 자료의 정리
- 초415 막대 그래프
- 초425 꺾은선 그래프
- 초526 평균과 가능성

QR코드를 스캔하면
'수학 개념연결 지도'를 내려받을 수 있습니다.
https://blog.naver.com/viabook/222160461455

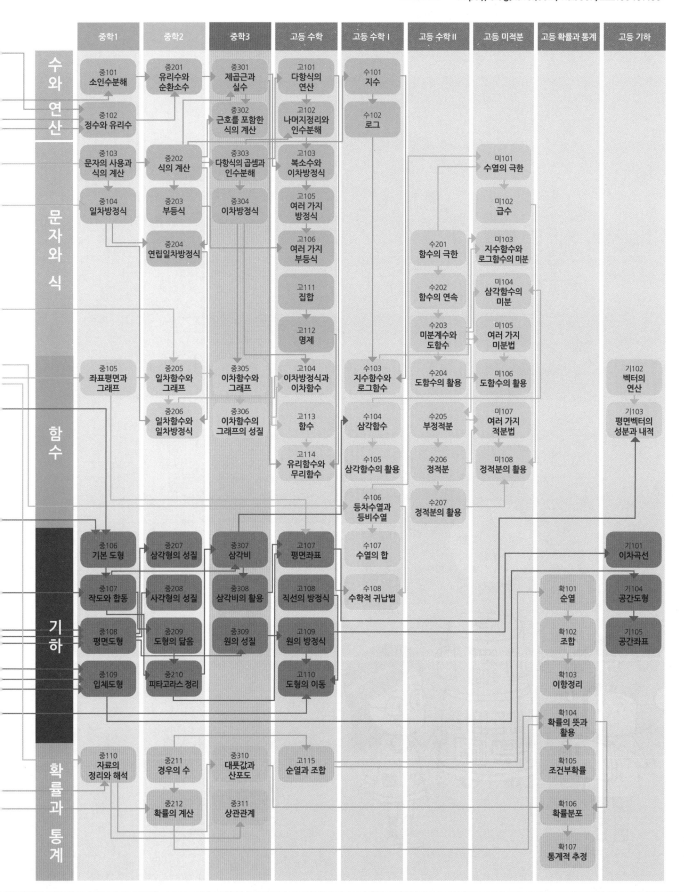

중학1	중학2	중학3	고등 수학	고등 수학 I	고등 수학 II	고등 미적분	고등 확률과 통계	고등 기하

수와 연산

- 중101 소인수분해
- 중201 유리수와 순환소수
- 중301 제곱근과 실수
- 고101 다항식의 연산
- 수101 지수
- 중102 정수와 유리수
- 중302 근호를 포함한 식의 계산
- 고102 나머지정리와 인수분해
- 수102 로그

문자와 식

- 중103 문자의 사용과 식의 계산
- 중202 식의 계산
- 중303 다항식의 곱셈과 인수분해
- 고103 복소수와 이차방정식
- 미101 수열의 극한
- 중104 일차방정식
- 중203 부등식
- 중304 이차방정식
- 고105 여러 가지 방정식
- 미102 급수
- 중204 연립일차방정식
- 고106 여러 가지 부등식
- 수201 함수의 극한
- 미103 지수함수와 로그함수의 미분
- 고111 집합
- 수202 함수의 연속
- 미104 삼각함수의 미분
- 고112 명제
- 수203 미분계수와 도함수
- 미105 여러 가지 미분법

함수

- 중105 좌표평면과 그래프
- 중205 일차함수와 그래프
- 중305 이차함수와 그래프
- 고104 이차방정식과 이차함수
- 수103 지수함수와 로그함수
- 수204 도함수의 활용
- 미106 도함수의 활용
- 기102 벡터의 연산
- 중206 일차함수와 일차방정식
- 중306 이차함수의 그래프의 성질
- 고113 함수
- 수104 삼각함수
- 수205 부정적분
- 미107 여러 가지 적분법
- 기103 평면벡터의 성분과 내적
- 고114 유리함수와 무리함수
- 수105 삼각함수의 활용
- 수206 정적분
- 미108 정적분의 활용
- 수106 등차수열과 등비수열
- 수207 정적분의 활용

기하

- 중106 기본 도형
- 중207 삼각형의 성질
- 중307 삼각비
- 고107 평면좌표
- 수107 수열의 합
- 기101 이차곡선
- 중107 작도와 합동
- 중208 사각형의 성질
- 중308 삼각비의 활용
- 고108 직선의 방정식
- 수108 수학적 귀납법
- 확101 순열
- 기104 공간도형
- 중108 평면도형
- 중209 도형의 닮음
- 중309 원의 성질
- 고109 원의 방정식
- 확102 조합
- 기105 공간좌표
- 중109 입체도형
- 중210 피타고라스 정리
- 고110 도형의 이동
- 확103 이항정리
- 확104 확률의 뜻과 활용

확률과 통계

- 중110 자료의 정리와 해석
- 중211 경우의 수
- 중310 대푯값과 산포도
- 고115 순열과 조합
- 확105 조건부확률
- 중212 확률의 계산
- 중311 상관관계
- 확106 확률분포
- 확107 통계적 추정

'생각 열기'는 내 생각을 쓰는 문제이기 때문에 답이 여러 가지일 수 있어요. 답과 해설을 참고하여 여러분의 생각과 비교하고 수정해 보세요.

수학의 미래

초등 **5-2**

정답과 해설

기억하기
12~13쪽

1 30에 ○표

2 (1) 11
   (2) 8

3 (1) 6
   (2) 9
   (3) 3

생각열기 ❶
14~15쪽

1 예 바다가 놀이 기구를 타려고 하는데, 키 제한 때문에 놀이 기구를 타지 못하는 상황입니다.

2 해설 참조

3 예 아니요. 저는 키가 130 cm여서 탈 수 없습니다.

4 예 강이가 텔레비전을 보려고 하는데 나이 제한 때문에 보지 못하는 상황입니다.

5 해설 참조

6 예 뉴스에서 몇 명 이상 집합 금지라는 말을 들었습니다.

2 위의 상황과 관련 있는 자신의 경험을 써 보도록 합니다. 주변 사람에게 들었던 경험이나 주위 사람의 일을 자신이 보았던 경험을 써도 좋습니다. 조건 때문에 하고 싶었던 일을 제한받았던 경험이 없는지 생각해 봅니다.

3 자신의 키에 따른 답을 씁니다.

5 위의 상황과 관련 있는 자신의 경험을 써 보도록 합니다. 주변 사람에게 들었던 경험이나 주위 사람의 일을 자신이 보았던 경험을 써도 좋습니다. 조건 때문에 하고 싶었던 일을 제한받았던 경험이 없는지 생각해 봅니다.

6 주어진 수학적 단어들을 들었거나 보았던 경험을 써 봅니다.

선생님의 참견

실생활에서 이미 사용하고 있는 이상, 이하, 초과, 미만의 뜻을 정확히 알고, 그 범위에 있는 수를 알아야 해요. 수의 범위에서는 경곗값이 포함되는지를 구분하는 것이 가장 중요해요.

개념활용 ❶-1
16~17쪽

1 (1) 효진 90회, 민혁 103회, 누리 91회
   (2) 선우 72회, 수지 86회, 산 52회, 효진 90회
   (3) 효진이입니다. 효진이의 기록은 90회이므로 (1)과 (2)에 모두 속합니다.

2 (1) 123 cm, 140 cm, 120 cm, 125 cm, 141 cm, 121 cm, 139 cm, 122 cm에 ○표
   (2) 해설 참조

3 (1) 시속 100 km, 시속 60 km, 시속 98 km, 시속 88 km, 시속 55 km, 시속 70 km에 ○표
   (2) 해설 참조

2 (1) 115 cm, 119 cm, 118 cm, 117 cm를 제외하고 모두 탈 수 있습니다.
   (2)

3 (2)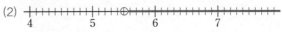

개념활용 ❶-2
18~19쪽

1 (1) 강 149.0 cm, 민혁 148.7 cm
   (2) 선우 141.1 cm, 수지 134.7 cm, 누리 128.7 cm
   (3) 효진이입니다. 효진이의 기록은 145 cm이므로 (1)과 (2)에 모두 속하지 않습니다.

2 (1) 1.5톤, 1톤, 0.5톤, 5톤, 5.5톤, 4톤에 ○표
   (2) 해설 참조

3 (1) 40세인 아빠, 76세인 할아버지, 68세인 할머니, 32세인 이모, 17세인 사촌 오빠에 ○표
   (2) 해설 참조

2 (1) 6톤, 10톤을 제외하고 모두 달릴 수 있습니다.
   (2)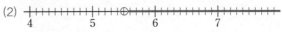

3 (1) 5세인 동생과 12세인 나를 제외하고 모두 볼 수 있습니다.
   (2)

개념활용 ❶-3

20~21쪽

1 (1) 주의보
(2) 중대경보
(3) 해설 참조

2 (1) 380원
(2) 2200원
(3) 해설 참조

3 (1) 청룡열차
(2) 해설 참조

1 (1) 0.12 ppm 이상 0.30 ppm 미만에 해당하므로 주의보입니다.
(2) 0.50 ppm 이상에 해당하므로 중대경보입니다.
(3)

```
 ++++++++++++●++++++++++○+++++++
0.20 ppm   0.30 ppm   0.40 ppm   0.50 ppm
```

2 (1) 우편물이 보통 우편이고 무게가 5 g 초과 25 g 이하에 해당하므로 380원을 지불해야 합니다.
(2) 우편물이 등기 우편이고 무게가 25 g 초과 50 g 이하에 해당하므로 2200원을 지불해야 합니다.
(3)

```
 ++++○+++++++++++++++++●+++++++
 20      30      40      50
```

3 (2)

```
 +++++++++++●++++++●++++++++
 80   90  100  110  120  130  140  150
```

생각열기 ❷

22~23쪽

1 (1) ⑩ 5100만 명 / ⑩ 5200만 명
(2) ⑩ 백만 자리의 수까지 나타내기 위해 십만의 자리에서 반올림하였습니다.
(3) ⑩ 아니요. 필요에 따라 다를 것 같긴 하지만 일상생활 속에서는 정확히 일의 자리 숫자까지 알 필요는 없는 것 같습니다.

2 (1) 적어도 15번을 운행해야 합니다.
(2) ⑩ 14번만 운행하면 3명이 탈 수 없기 때문입니다.

3 (1) ⑩ 50000원짜리 5장(혹은 10000원짜리 25장), 100원짜리 9개, 10원짜리 8개로 찾을 수 있습니다.
(2) ⑩ 10000원짜리로만 찾으면 10000원짜리 25장을 받고, 잔돈은 통장에 남습니다.

1 (1) 숫자로 나타내도 좋고, 자신이 정한 방법에 따라 대답은 다양하게 나올 수 있습니다.

선생님의 참견

일상생활에서 정확한 값은 아니지만 대략적이면서도 합리적인 값이 필요할 때 어림하기를 사용해요. 그 값을 정확히 구할 수 없는 경우에도 많이 사용해요.

개념활용 ❷-1

24~25쪽

1 (1) 260자루
(2) 300자루
(3) 인원수보다 많이 사야 모두에게 나누어 줄 수 있습니다.

2 (1) 9000원
(2) 8610원을 올림하여 천의 자리까지 나타낸 것입니다.

3 (1) 0.4
(2) 11.35

4 (1) 177명
(2) 4대

1 (1) 적어도 260자루를 사야 부족하지 않습니다.
(2) 적어도 300자루를 사야 부족하지 않습니다.

2 (1) 8000원만 내면 금액이 부족하기 때문입니다.

3 (1) 소수 둘째 자리에서 올림하면 됩니다.
(2) 소수 셋째 자리에서 올림하면 됩니다.

4 (1) 96+81=177(명)
(2) 45인승 버스가 3대 있으면 135명이 탈 수 있고, 4대 있으면 180명이 탈 수 있습니다. 따라서 45인승 버스가 4대는 있어야 177명이 모두 탈 수 있습니다.

개념활용 ❷-2

26~27쪽

1 (1) 780개
(2) 9개
(3) 700개
(4) 89개

표현하기

스스로 정리

1 (1) 10과 같거나 큰 수
　(2) 5와 같거나 작은 수
　(3) 8보다 큰 수
　(4) 7보다 작은 수

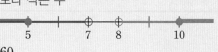

2 (1) 260
　(2) 250
　(3) 260

개념 연결

길이 어림하기	6, 11
어림하여 덧셈하기	예 400

---

1 길이를 어림하는 것은 가까운 눈금을 읽는 것이야.
풀의 길이는 5 cm보다 길고 6 cm보다 짧은데,
6 cm에 가까우므로 약 6 cm라고 읽으면 돼.
풀의 길이를 수의 범위로 표현하면 5 cm 이상 6
cm 이하로 표현하거나 5 cm 초과 6 cm 미만으
로 표현할 수 있어.
가까운 쪽의 눈금을 읽는 것은 어림하기에서 반올
림이라고 볼 수 있지.

선생님 놀이

1 (수직선: 10 11 12 13 14 15 16 17 18, 11에 빈 동그라미, 15에 채워진 동그라미)
11 초과 15 이하인 수는 11보다 크고 15와 같거
나 작은 수를 의미합니다.
11은 포함하지 않으므로 비어 있는 동그라미로 표
시하고 15는 포함하므로 채워진 동그라미로 표시
하여 나타냅니다.

2 (수직선: 340 345 350 355 360, 345에 채워진 동그라미, 355에 빈 동그라미)
일의 자리에서 반올림하여 350이 되는 수는 345
이상 355 미만인 수이므로 수직선에서 345는 채
워진 동그라미로 표시하고 355는 비어 있는 동그
라미로 표시하여 나타냅니다.

---

2 (1) 9개, 80 cm
　(2) 980을 버림하여 백의 자리까지 나타낸 것입니
　　다.

3 (1) 8.8
　(2) 19.31

4 11봉지

---

2 (1) 1 m는 100 cm이므로 980 cm 중 900 cm로 선물
　　을 9개까지 포장할 수 있으며, 80 cm가 남습니다.

3 (1) 소수 둘째 자리부터 버림하면 됩니다.
　(2) 소수 셋째 자리부터 버림하면 됩니다.

4 20개씩 11봉지를 포장하면 220개를 포장하게 되고, 12봉
지를 포장하면 240개를 포장할 수 있습니다. 하지만 쿠키
는 237개뿐이므로 11봉지만 포장할 수 있습니다.

개념활용 ❷-3

1 (1) 해설 참조
　(2) 1710에 더 가깝습니다. 따라서 설악산의 높이
　　는 약 1710 m라고 할 수 있습니다.
　(3) 해설 참조
　(4) 1700에 더 가깝습니다. 따라서 설악산의 높이
　　는 약 1700 m라고 할 수 있습니다.

2 (1) 약 36 kg
　(2) 어림 방법 중 반올림을 사용했습니다.

3 (1) 15000명
　(2) 15400명
　(3) 15360명

---

1 (1) (수직선: 1700 ... 1710, 1705 부근 점)

　(3) 예 (수직선: 1700 1800, 1700~1800 사이 점)
　　1710이 조금 안 되는 곳에 점을 찍으면 됩니다.

2 (1) 소수 첫째 자리 숫자가 6이므로 올림합니다.

3 (1) 백의 자리가 3이므로 버림합니다.
　(2) 십의 자리가 6이므로 올림합니다.
　(3) 일의 자리가 2이므로 버림합니다.

1 43, 50, 42에 □표 / 28, 19, 16에 ○표

2 (1)
```
├┼┼┼┼┼┼┼┼┼●┼┼┼┼⊕┼┼┼┼┼┼┼┼┼┼┼┼┤
0        10       20      30
```
    (2) 13, 14, 15, 16, 17, 18

3 이상, 이하, 초과, 미만

4 8.6, 7.2, 3.9, 8.0, 8.5에 ○표

5 (1) 40에 ○표
    (2) 80에 ○표
    (3) 400에 ○표
    (4) 600에 ○표
    (5) 4000에 ○표
    (6) 10000에 ○표

6 (1) 1730
    (2) 1800
    (3) 1000

7 2586, 2980, 3499, 3003

8 ①, ⑤

9 (위에서부터) 560, 500, 8070, 8000

10 해설 참조 / 버림, 9개

11 예) 5, 6, 7, 8, 9, 10, 5.1, 5.2

---

6 (1) 일의 자리에서 반올림합니다.
    (2) 십의 자리에서 올림합니다.
    (3) 백의 자리까지 버립니다.

7 백의 자리에서 반올림하면
2586 → 3000, 2130 → 2000, 1987 → 2000,
2980 → 3000, 2499 → 2000, 2076 → 2000,
3499 → 3000, 3003 → 3000이므로 반올림해서 3000이
되는 수는 2586, 2980, 3499, 3003입니다.

8 42 미만인 수이므로 42는 포함되지 않습니다.

10 1개를 포장하는 데 100 cm가 필요하므로 끈은 900 cm
까지만 사용할 수 있습니다. 따라서 어림 방법 중 버림을
사용하고 9개까지 포장할 수 있습니다.

1 ①, ②, ⑤

2 3500원

3 (1) 57번
    (2) 올림

4 (1) 보통
    (2) 나쁨

5 20, 21, 22, 23, 24, 25

6 4개

---

1 4.5 미만인 수는 4.5보다 작은 수입니다. 따라서 ①, ②, ⑤
번만 통과 가능합니다.

2 물건의 무게를 재어 보니 2.3 kg이었고, 물건을 넣을 상자
의 무게는 0.8 kg이므로 택배 전체의 무게는
2.3+0.8=3.1(kg)이 됩니다. 따라서 은이가 내야 할 요
금은 3500원입니다.

3 (1) 10명씩 56번 보트에 타면 4명이 남으므로 57번 나누
    어 타야 모두 탈 수 있습니다.
    (2) 보트를 57번에 나누어 탈 수 있는 인원 570은 564를
    일의 자리에서 올림한 것입니다.

4 (1) 15 초과 35 이하에 해당하므로 보통입니다.
    (2) 35 초과 75 이하에 해당하므로 나쁨입니다.

5 15 이상 26 미만인 자연수: 15, 16, 17, 18, 19, 20, 21,
22, 23, 24, 25
19 초과 30 이하인 자연수: 20, 21, 22, 23, 24, 25, 26,
27, 28, 29, 30이므로 겹치는 수는 20, 21, 22, 23, 24,
25가 됩니다.

6 내가 이용할 수 있는 놀이 기구는 깜부 비행기, 뮤직익스프
레스, 슈퍼바이킹, 자이언트 드롭으로 모두 4개입니다.

기억하기

38~39쪽

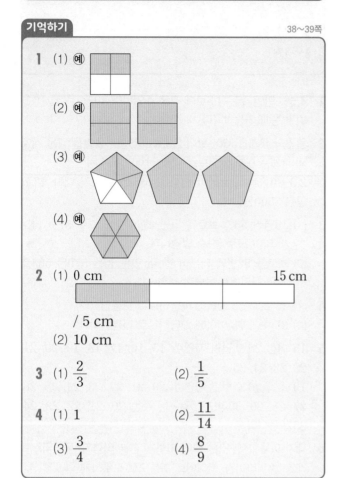

1 (1) 예

(2) 예

(3) 예

(4) 예

2 (1) 0 cm ⎯⎯⎯⎯ 15 cm

/ 5 cm

(2) 10 cm

3 (1) $\dfrac{2}{3}$ (2) $\dfrac{1}{5}$

4 (1) 1 (2) $\dfrac{11}{14}$

(3) $\dfrac{3}{4}$ (4) $\dfrac{8}{9}$

4 (1) $\dfrac{4}{5}+\dfrac{1}{5}=\dfrac{4+1}{5}=\dfrac{\overset{1}{\cancel{5}}}{\underset{1}{\cancel{5}}}=1$

(2) $\dfrac{2}{7}+\dfrac{1}{2}=\dfrac{4}{14}+\dfrac{7}{14}=\dfrac{4+7}{14}=\dfrac{11}{14}$

(3) $\dfrac{1}{4}+\dfrac{1}{4}+\dfrac{1}{4}=\dfrac{1+1+1}{4}=\dfrac{3}{4}$

(4) $\dfrac{2}{9}+\dfrac{2}{9}+\dfrac{2}{9}+\dfrac{2}{9}=\dfrac{2+2+2+2}{9}=\dfrac{8}{9}$

생각열기 ❶

40~41쪽

1 (1) 식 $\dfrac{1}{4}+\dfrac{1}{4}+\dfrac{1}{4}=\dfrac{3}{4}$ 답 $\dfrac{3}{4}$컵

(2) 식 $\dfrac{1}{4}+\dfrac{1}{4}+\dfrac{1}{4}+\dfrac{1}{4}=\dfrac{4}{4}$ 답 1컵 혹은 $\dfrac{4}{4}$컵

2 (1) 해설 참조 / $7\dfrac{2}{4}$ L

(2) $\dfrac{3}{4}\times10$

3 (1) $4\dfrac{4}{9}$ L

(2) $11\dfrac{1}{9}$ L

(3) $22\dfrac{2}{9}$ L

(4) $66\dfrac{6}{9}$ L

4 해설 참조

2 (1)

$7\dfrac{2}{4}$ L 샀습니다.

3 (1) 자연수 2가 2번, $\dfrac{2}{9}$가 2번 있으므로, $2\dfrac{2}{9}\times2$를 계산한 것과 같습니다.

(2) 자연수 2가 5번, $\dfrac{2}{9}$가 5번 있으므로, $2\times5=10$에 $\dfrac{2}{9}\times5=\dfrac{10}{9}$을 더한 것과 같습니다.

다른 풀이

2마리 소에서 짠 우유의 양이 $4\dfrac{4}{9}$ L이므로 $4\dfrac{4}{9}+4\dfrac{4}{9}+2\dfrac{2}{9}$로 계산할 수 있습니다.

(3) 자연수 2가 10번, $\dfrac{2}{9}$가 10번 있으므로, $2\times10=20$에 $\dfrac{2}{9}\times10=\dfrac{20}{9}$을 더한 것과 같습니다.

다른 풀이

5마리 소에서 짠 우유의 양이 $11\dfrac{1}{9}$ L이므로 $11\dfrac{1}{9}+11\dfrac{1}{9}=22\dfrac{2}{9}$로 계산할 수 있습니다.

(4) 자연수 2가 30번, $\dfrac{2}{9}$가 30번 있으므로, $2\times30=60$에 $\dfrac{2}{9}\times30=\dfrac{60}{9}$을 더한 것과 같습니다.

다른 풀이

10마리 소에서 짠 우유의 양이 $22\dfrac{2}{9}$ L이므로 $22\dfrac{2}{9}+22\dfrac{2}{9}+22\dfrac{2}{9}=66\dfrac{6}{9}$으로 계산할 수 있습니다.

4 예 – 진분수를 5번 더할 때는 분모는 그대로 두고 분자를 5번 더해서 계산합니다.

– 분자에 5를 곱해서 계산합니다.

– 대분수를 5번 더할 때는 자연수 부분을 5번 더하고, 진분수 부분도 5번 더합니다. 그리고 이 둘을 더해서 계산합니다.

분수에 자연수를 곱하는 상황은 같은 수를 여러 번 더하는 것으로 이해할 수 있어요. 여기에 분수의 덧셈 방법을 연결하면 해결 가능하지요. 다양한 형태의 분수(단위분수, 진분수, 가분수, 대분수)를 여러 번 더함으로써 (분수)×(자연수)의 계산 방법에서 공통점을 발견하고 원리를 탐구해요.

개념활용 ❶-1

1 (1)~(3) 해설 참조

2 (1), (2) 해설 참조

3 (1) 하늘이는 대분수의 자연수와 진분수를 따로 곱해 주었습니다.
산이는 대분수를 가분수로 바꾸어 계산하였습니다.

(2) $2\frac{2}{7}\times4=(2\times4)+\left(\frac{2}{7}\times4\right)$
$=8+\frac{8}{7}=8+1\frac{1}{7}=9\frac{1}{7}$

(3) $2\frac{2}{7}\times4=\frac{16}{7}\times4=\frac{64}{7}=9\frac{1}{7}$

1

| 0 | $\frac{1}{7}$ | $\frac{2}{7}$ | $\frac{3}{7}$ | $\frac{4}{7}$ | $\frac{5}{7}$ | $\frac{6}{7}$ | $\frac{7}{7}$ | $\frac{8}{7}$ | $\frac{9}{7}$ | $\frac{10}{7}$ | $\frac{11}{7}$ | $\frac{12}{7}$ | $\frac{13}{7}$ | $\frac{14}{7}$ | $\frac{15}{7}$ | $\frac{16}{7}$ | $\frac{17}{7}$ | $\frac{18}{7}$ | $\frac{19}{7}$ | $\frac{20}{7}$ | $\frac{21}{7}$ |

(1) $\frac{1}{7}\times5=\frac{1}{7}+\frac{1}{7}+\frac{1}{7}+\frac{1}{7}+\frac{1}{7}=\frac{1\times5}{7}=\frac{5}{7}$

(2) $\frac{1}{7}\times8=\frac{1}{7}+\frac{1}{7}+\frac{1}{7}+\frac{1}{7}+\frac{1}{7}+\frac{1}{7}+\frac{1}{7}+\frac{1}{7}$
$=\frac{1\times8}{7}=\frac{8}{7}$

(3) $\frac{1}{7}\times14=\frac{1}{7}+\frac{1}{7}+\frac{1}{7}+\frac{1}{7}+\frac{1}{7}+\frac{1}{7}+\frac{1}{7}$
$+\frac{1}{7}+\frac{1}{7}+\frac{1}{7}+\frac{1}{7}+\frac{1}{7}+\frac{1}{7}=\frac{14}{7}=2$

2 (1)

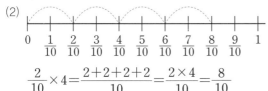

$\frac{3}{10}\times3=\frac{3+3+3}{10}=\frac{3\times3}{10}=\frac{9}{10}$

(2)

| 0 | $\frac{1}{10}$ | $\frac{2}{10}$ | $\frac{3}{10}$ | $\frac{4}{10}$ | $\frac{5}{10}$ | $\frac{6}{10}$ | $\frac{7}{10}$ | $\frac{8}{10}$ | $\frac{9}{10}$ | 1 |

$\frac{2}{10}\times4=\frac{2+2+2+2}{10}=\frac{2\times4}{10}=\frac{8}{10}$

개념활용 ❶-2

1 (1) $\frac{12}{12}$, 1

(2) $\frac{4}{6}$ / $\frac{8}{12}$, $\frac{2}{3}$

2 (1) 공약수 5로 분모와 분자를 나누면 $\frac{3}{2}$입니다.

(2) $\frac{3\times5}{10}=\frac{3\times5}{2\times5}$이므로 공약수인 5로 분모와 분자를 나누면 $\frac{3}{2}$입니다.

(3) $\frac{3}{\underset{2}{10}}\times\overset{1}{5}=\frac{3}{2}$

3 더 간편한 수로 계산할 수 있습니다.

4 (1) $2\frac{3}{\underset{5}{10}}\times\overset{2}{4}$에 ○표

(2) $2\frac{3}{10}$에서 2와 $\frac{3}{10}$에 각각 4를 곱한 후 더해야 하는데, $\frac{3}{10}$과 4를 약분하면서 2에 4가 아니라 2를 곱했습니다.

(3) $2\frac{3}{10}\times4=(2\times4)+\left(\frac{3}{\underset{5}{10}}\times\overset{2}{4}\right)$
$=8+\frac{6}{5}=9\frac{1}{5}$

1 (1) $\frac{1}{12}\times12=\frac{1\times12}{12}=\frac{\overset{1}{12}}{\underset{1}{12}}=1$

(2) $\frac{1}{6}\times4=\frac{1\times4}{6}=\frac{4}{6}$이고 크기가 같은 분수는 $\frac{8}{12}$, $\frac{2}{3}$입니다.

생각열기 ❷

1 (1) 해설 참조, 4 cm
(2) 해설 참조, 1 cm
(3) 2배 했을 때는 2를 곱하는데 $\frac{1}{2}$배 했을 때는 2로 나눈 것 중 한 조각이어야 합니다.

2 (1) 해설 참조 / $\frac{1}{2}$ / $\frac{5}{4}$ / $\frac{1}{8}$

(2) 해설 참조 / $\frac{6}{4}$ 또는 $1\frac{1}{2}$ / $\frac{15}{4}$ 또는 $3\frac{3}{4}$ / $\frac{3}{8}$

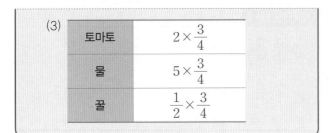

(3)	토마토	$2 \times \dfrac{3}{4}$
	물	$5 \times \dfrac{3}{4}$
	꿀	$\dfrac{1}{2} \times \dfrac{3}{4}$

1 (1)

```
0      1      2      3      4      5(cm)
```

2씩 2번 있으므로 그림에 2 cm를 2개 그려 계산하였습니다.

(2)

```
0      1      2      3      4      5(cm)
```

2 cm의 $\dfrac{1}{2}$은 2 cm를 둘로 나눈 것 중 하나입니다.

따라서 2 cm를 2로 나눈 것 중 하나의 길이를 구했습니다. 2 cm의 $\dfrac{1}{2}$은 1 cm입니다.

2 (1)

$\dfrac{2}{4}$개 또는 $\dfrac{1}{2}$개

$\dfrac{5}{4}$컵

$\dfrac{1}{8}$스푼

(2)

$\dfrac{6}{4}$개 또는 $1\dfrac{1}{2}$개

$\dfrac{15}{4}$컵 또는 $3\dfrac{3}{4}$컵

$\dfrac{3}{8}$스푼

선생님의 참견

자연수를 쪼개는 상황을 해결하기 위해 분수의 뜻, 즉 전체를 똑같이 나누는 상황을 연결해 보아요. $\dfrac{1}{2}$은 전체를 똑같이 2로 쪼갠 것 중 1이고, $\dfrac{3}{4}$은 전체를 똑같이 4로 나눈 것 중 3이지요.

---

1 (1) 해설 참조, 1 cm

(2) 해설 참조, 3 cm

(3) 4 cm의 $\dfrac{1}{4}$과 $\dfrac{3}{4}$은 둘 다 4 cm 전체를 똑같이 4로 나눈다는 공통점이 있습니다.

$\dfrac{1}{4}$은 똑같이 4로 나눈 것 중 1이고, $\dfrac{3}{4}$은 똑같이 4로 나눈 것 중 3입니다.

2 (1) 해설 참조, $\dfrac{5}{3}$개   (2) 5번

3 (1) 6 m의 2배이므로 $6 \times 2 = 12$(m)입니다.

(2) 6 m의 $\dfrac{1}{2}$배이므로

$6 \times \dfrac{1}{2} = \dfrac{6 \times 1}{2} = \dfrac{\overset{3}{\cancel{6}}}{\underset{1}{\cancel{2}}} = 3$(m)입니다.

(3) 6 m의 $2\dfrac{1}{2}$배이므로 6 m의 2배인

$6 \times 2 = 12$(m)에

$6 \times \dfrac{1}{2} = \dfrac{6 \times 1}{2} = \dfrac{\overset{3}{\cancel{6}}}{\underset{1}{\cancel{2}}} = 3$(m)를 더합니다.

$12 + 3 = 15$(m)입니다.

(4) 6 m의 $\dfrac{5}{2}$배이므로

$6 \times \dfrac{5}{2} = \dfrac{6 \times 5}{2} = \dfrac{\overset{15}{\cancel{30}}}{\underset{1}{\cancel{2}}} = 15$(m)입니다.

4 (1) $\dfrac{3}{9}$ 또는 $\dfrac{1}{3}$

(2) $\dfrac{18}{15}$ 또는 $\dfrac{6}{5}$ 또는 $1\dfrac{1}{5}$

1 (1)

```
0        1 cm      2 cm      3 cm      4 cm
```

4 cm의 $\dfrac{1}{4}$은 4 cm를 똑같이 4로 나눈 것 중 1을 말합니다. 따라서 1 cm만큼 색칠합니다.

(2)

```
0        1 cm      2 cm      3 cm      4 cm
```

4 cm의 $\dfrac{3}{4}$은 4 cm를 똑같이 4로 나눈 것 중 3을 말합니다. 따라서 3 cm만큼 색칠합니다.

2 (1)

한 명이 먹는 삼각김밥의 양은 $\dfrac{5}{3}$개입니다.

(2) 5의 $\dfrac{1}{3}$은 1의 $\dfrac{1}{3}$이 5번 있는 것과 같습니다.

50~51쪽

1 $\dfrac{1}{4}$

2 (1)

(2) $\dfrac{1}{8}$

3 (1)

(2) $\dfrac{3}{16}$

(3) $\dfrac{3}{4}$에서 분모인 4는 $\dfrac{1}{4}$의 분모인 4가 곱해져 $4 \times 4 = 16$, $\dfrac{3}{4}$에서 분자인 3은 $\dfrac{1}{4}$의 분자인 1이 곱해져 $3 \times 1 = 3$이 됩니다. 따라서 $\dfrac{3}{16}$이라는 계산 결과가 나왔습니다.

(4) $\dfrac{3}{24}$

4 (1) $\dfrac{3}{2}$ L   (2) $1\dfrac{5}{6}$ L

(3) $\dfrac{11}{6}$ L

(4) 셋째 날과 넷째 날에 받아 온 물의 양은 같습니다. $1\dfrac{5}{6}$와 $\dfrac{11}{6}$은 크기가 같은 분수이기 때문입니다.

---

1 사과 반쪽은 $\dfrac{1}{2}$개이고, 반쪽짜리 사과를 다시 $\dfrac{1}{2}$로 잘랐으므로 1조각의 크기는 전체의 $\dfrac{1}{4}$입니다.

2 (1) 똑같이 8조각으로 나눕니다.
$\dfrac{1}{2}$의 $\dfrac{1}{4}$을 구하기 위해서는 $\dfrac{1}{2}$을 똑같이 4로 나눈 후 1조각을 칠해야 합니다.

(2) $\dfrac{1}{2}$을 똑같이 4로 나눈 1조각은 전체를 똑같이 8개로 나눈 것 중 1조각과 같습니다. 따라서 $\dfrac{1}{2}$의 $\dfrac{1}{4}$은 전체의 $\dfrac{1}{8}$입니다.

3 (1) 전체를 똑같이 16조각으로 나눕니다.
$\dfrac{3}{4}$의 $\dfrac{1}{4}$을 구하기 위해서는 $\dfrac{3}{4}$을 4로 똑같이 나눈 후 1조각을 칠해야 합니다.

(2) $\dfrac{3}{4}$을 4로 나눈 1조각은 전체를 똑같이 16으로 나눈 것 중 3조각과 같습니다. 따라서 $\dfrac{3}{4}$의 $\dfrac{1}{4}$은 전체의

$\dfrac{3}{16}$입니다.

(4) 분모는 분모끼리, 분자는 분자끼리 계산하면 분모는 24, 분자는 3입니다.
$$\dfrac{3}{4} \times \dfrac{1}{6} = \dfrac{3 \times 1}{4 \times 6} = \dfrac{3}{24}$$

4 (1) $\dfrac{1}{2} \times 3 = \dfrac{1 \times 3}{2} = \dfrac{3}{2}$(L)

(2) 첫째 날의 $3\dfrac{2}{3}$배이므로 첫째 날의 3배와 첫째 날의 $\dfrac{2}{3}$배를 더하여 계산합니다.
첫째 날의 3배는 $\dfrac{1}{2} \times 3 = \dfrac{1 \times 3}{2} = \dfrac{3}{2}$(L)
첫째 날의 $\dfrac{2}{3}$배는 $\dfrac{1}{2} \times \dfrac{2}{3} = \dfrac{1 \times 2}{2 \times 3} = \dfrac{2}{6}$(L)
첫째 날의 $3\dfrac{2}{3}$배는 $\dfrac{3}{2} + \dfrac{2}{6} = \dfrac{9}{6} + \dfrac{2}{6} = \dfrac{11}{6} = 1\dfrac{5}{6}$(L)입니다.

(3) 첫날의 $\dfrac{11}{3}$배이므로 $\dfrac{1}{2} \times \dfrac{11}{3} = \dfrac{11}{6}$(L)입니다.

(4) 첫째 날과 넷째 날에 받아 온 물의 양은 $1\dfrac{5}{6}$ L와 $\dfrac{11}{6}$ L로 같습니다.
$3\dfrac{2}{3}$와 $\dfrac{11}{3}$은 크기가 같은 분수이기 때문에 첫째 날의 $3\dfrac{2}{3}$배와 $\dfrac{11}{3}$배도 같습니다.

52~53쪽

1 (1)~(3) 해설 참조
(4) 포장지 각 장을 따로 계산하는 방법과, 자연수와 진분수 부분을 따로 계산하는 방법, 대분수를 가분수로 바꾸어 계산하는 방법 모두 결과가 같습니다.

2 (1) 식 $3 \times 1 = 3$(m²)   답 3 m²

(2) 식 $\dfrac{2}{3} \times 1 = \dfrac{2}{3}$(m²)   답 $\dfrac{2}{3}$ m²

(3) 식 $\dfrac{2}{5} \times 3 = \dfrac{2 \times 3}{5} = \dfrac{6}{5}$(m²)   답 $\dfrac{6}{5}$ m²

(4) 식 $\dfrac{2}{3} \times \dfrac{2}{5} = \dfrac{2 \times 2}{3 \times 5} = \dfrac{4}{15}$(m²)   답 $\dfrac{4}{15}$ m²

(5) $5\dfrac{2}{15}$ m²   (6) $5\dfrac{2}{15}$

1 (1)

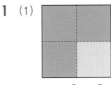

$\left(1 \times \dfrac{3}{4} = \dfrac{3}{4}\right)$ $\left(1 \times \dfrac{3}{4} = \dfrac{3}{4}\right)$ $\left(\dfrac{3}{5} \times \dfrac{3}{4} = \dfrac{9}{20}\right)$

169

$$\frac{3}{4}+\frac{3}{4}+\frac{9}{20}=\frac{15}{20}+\frac{15}{20}+\frac{9}{20}=\frac{39}{20}$$

(2)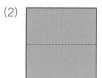

$(2\times\frac{3}{4}=\frac{6}{4})$ $\quad$ $(\frac{3}{5}\times\frac{3}{4}=\frac{9}{20})$

$$\frac{6}{4}+\frac{9}{20}=\frac{30}{20}+\frac{9}{20}=\frac{39}{20}$$

(3)

$(\frac{13}{5}\times\frac{3}{4}=\frac{13\times3}{5\times4}=\frac{39}{20})$

2 (5) $3+\frac{2}{3}+\frac{6}{5}+\frac{4}{15}=3+\frac{10+18+4}{15}$

$\qquad\qquad\qquad\quad=3+\frac{32}{15}=3+2\frac{2}{15}$

$\qquad\qquad\qquad\quad=5\frac{2}{15}(\text{m}^2)$입니다.

(6) $3\frac{2}{3}\times1\frac{2}{5}=\frac{11}{3}\times\frac{7}{5}=\frac{11\times7}{3\times5}=\frac{77}{15}$

$\qquad\qquad\quad=5\frac{2}{15}$입니다.

표현하기

54~55쪽

스스로 정리

1 방법1 $\frac{2}{4}\times\frac{1}{3}$은 $\frac{2}{4}$를 똑같이 3으로 나눈 것 중 1

이므로 $\frac{1}{12}$이 2개가 되어 $\frac{2}{12}$입니다.

방법2 분자는 분자끼리, 분모는 분모끼리 곱하면

$\frac{2}{4}\times\frac{1}{3}=\frac{1\times2}{4\times3}=\frac{2}{12}$입니다.

개념 연결

대분수와 가분수 대분수는 $1\frac{1}{4}$과 같이 자연수와 진분수로 이루어진 분수입니다.

가분수는 $\frac{4}{4}$, $\frac{5}{4}$와 같이 분자가 분모와 같거나 분모보다 큰 분수입니다.

직사각형의 넓이 직사각형의 가로와 세로를 각각 1 cm 단위로 자르면 직사각형 안에 들어가는 단위넓이 1 cm²의 개수를 세어 그 넓이를 구할 수 있습니다. 이때 단위넓이의 개수는 가로의 개수를 세로의 개수만큼 더하는 것이므로 그 넓이는 (가로)×(세로)로 구할 수 있습니다.

---

1 대분수끼리 곱셈하는 방법은 다음과 같이 2가지가 있어.

① 대분수를 모두 가분수로 고쳐서 분자는 분자끼리, 분모는 분모끼리 곱하면 되지.

$$2\frac{2}{3}\times1\frac{2}{5}=\frac{8}{3}\times\frac{7}{5}=\frac{56}{15}=3\frac{11}{15}$$

② 그림으로 그려서 각 대분수를 자연수 부분과 진분수 부분으로 나누고 직사각형 네

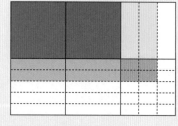

개의 넓이를 각각 구해 더할 수도 있어.

빨간색 넓이는 $2\times1=2$,

노란색 넓이는 $\frac{2}{3}\times1=\frac{2}{3}$,

초록색 넓이는 $2\times\frac{2}{5}=\frac{4}{5}$,

파란색 넓이는 $\frac{2}{3}\times\frac{2}{5}=\frac{4}{15}$이므로 넓이의 합

은 $2+\frac{2}{3}+\frac{4}{5}+\frac{4}{15}=3\frac{11}{15}$이 나와. 어때?

①과 같지!

선생님 놀이

1 $\frac{2}{3}$는 전체를 똑같이 3으로 나눈 것 중 2(빨간색)입니다. $\frac{2}{3}\times\frac{4}{5}$는 다시 이것을 똑같이 5로 나눈 것 중 4(파란색)입니다.

오른쪽 그림의 한 칸은 전체를 똑같이 15로 나눈

것 중 1이고, 파란색은 8개이므로 $\dfrac{2}{3}\times\dfrac{4}{5}=\dfrac{8}{15}$ 입니다.

이것은 두 분수를 분자는 분자끼리, 분모는 분모끼리 곱한 것과 같습니다.

2 대분수를 자연수와 진분수 부분으로 나누어 계산하는 방법

대분수끼리의 곱셈을 자연수와 진분수로 나누어 각각 곱하면

$$2\dfrac{2}{3}\times3\dfrac{2}{7}=\left(2+\dfrac{2}{3}\right)\times\left(3+\dfrac{2}{7}\right)$$
$$=2\times3+2\times\dfrac{2}{7}+\overset{1}{\underset{1}{\dfrac{2}{3}}}\times\overset{1}{3}+\dfrac{2}{3}\times\dfrac{2}{7}$$
$$=6+\dfrac{4}{7}+2+\dfrac{4}{21}=8\dfrac{16}{21}$$ 입니다.

대분수를 가분수로 바꾸어 계산하는 방법

대분수를 각각 가분수로 바꾸어 곱하면
$$2\dfrac{2}{3}\times3\dfrac{2}{7}=\dfrac{8}{3}\times\dfrac{23}{7}=\dfrac{184}{21}=8\dfrac{16}{21}$$ 이므로 두 계산의 결과가 같습니다.

단원평가 기본   56~57쪽

1 해설 참조 / $3\dfrac{3}{4}$판

2 해설 참조 / 48쪽

3 =

4 (1) $2\dfrac{14}{15}$ m, $\dfrac{16}{25}$ m

　　(2) $1\dfrac{43}{45}$ m, $\dfrac{32}{75}$ m

5 (1) 3×1에 ○표

　　이유 3에 1을 곱한 수보다 3에 $\dfrac{2}{3}$를 곱한 수가 더 작습니다. 3의 $\dfrac{2}{3}$배는 3을 3으로 나눈 것 중 2이기 때문입니다. 어떤 수에 1보다 작은 분수를 곱하면 그 결과는 어떤 수보다 작아집니다.

　　(2) $3\times\dfrac{1}{3}$에 ○표

　　이유 $3\times\dfrac{1}{3}=\dfrac{1}{3}\times3$입니다. $\dfrac{1}{3}$에 3을 곱한 수와 $\dfrac{1}{3}$에 $2\dfrac{4}{5}$를 곱한 수를 비교하면 3이 $2\dfrac{4}{5}$ 보다 더 크므로 $\dfrac{1}{3}\times3$의 결과가 더 큽니다. 어떤 수에 더 큰 수를 곱하면 그 결과는 더 큽니다.

---

6 잘못된 부분

자연수는 자연수끼리, 분수는 분수끼리 계산해서 더해 주는 것이 아니라, 자연수와 자연수, 자연수와 진분수, 진분수와 자연수, 진분수와 진분수의 곱을 모두 계산해서 더해 주어야 합니다.

바르게 고치기

① $(3\times2)+\left(3\times\dfrac{4}{7}\right)+\left(\dfrac{2}{3}\times2\right)+\left(\dfrac{2}{3}\times\dfrac{4}{7}\right)$

$$=6+\dfrac{12}{7}+\dfrac{4}{3}+\dfrac{8}{21}=6+\dfrac{36}{21}+\dfrac{28}{21}+\dfrac{8}{21}$$

$$=6+\dfrac{72}{21}=9\dfrac{9}{21}$$

② 대분수를 가분수로 고쳐서 계산합니다.

$$\dfrac{11}{3}\times\dfrac{18}{7}=\dfrac{198}{21}=9\dfrac{9}{21}$$

7 $8\boxed{\dfrac{2}{5}}\times\boxed{\dfrac{6}{7}}$, $7\dfrac{1}{5}$

8 (1), (2) 해설 참조

---

1 $\dfrac{3}{4}$ 크기의 피자가 5판 있으므로,

$$\dfrac{3}{4}\times5=\dfrac{3\times5}{4}=\dfrac{15}{4}=3\dfrac{3}{4}$$(판)입니다.

2 120쪽의 $\dfrac{3}{5}$만큼 읽었으므로 남은 동화책은 120쪽의 $\dfrac{2}{5}$입니다.

따라서 남은 동화책은 $\overset{24}{\underset{1}{120}}\times\dfrac{2}{5}=48$(쪽)입니다.

3 $2\dfrac{2}{5}\times2\dfrac{1}{3}$을 가분수로 바꾸어 주면 $\dfrac{12}{5}\times\dfrac{7}{3}$입니다. 따라서 두 수는 같습니다.

4 (1) 가로와 세로를 각각 $\dfrac{4}{5}$배 하였으므로 가로의 길이는

$$3\dfrac{2}{3}\times\dfrac{4}{5}=\dfrac{11}{3}\times\dfrac{4}{5}=\dfrac{11\times4}{3\times5}=\dfrac{44}{15}=2\dfrac{14}{15}$$(m)입니다.

세로의 길이는 $\dfrac{4}{5}\times\dfrac{4}{5}=\dfrac{4\times4}{5\times5}=\dfrac{16}{25}$(m)입니다.

　　(2) 산이가 줄인 사진의 가로는 $2\dfrac{14}{15}$ m, 세로는 $\dfrac{16}{25}$ m입니다.

산이가 줄인 사진을 하늘이가 $\dfrac{2}{3}$배 하였으므로 하늘이가 줄인 사진의 가로의 길이는

$$2\frac{14}{15}\times\frac{2}{3}=\frac{44}{15}\times\frac{2}{3}=\frac{88}{45}=1\frac{43}{45}\text{(m)},$$

세로의 길이는 $\frac{16}{25}\times\frac{2}{3}=\frac{16\times2}{25\times3}=\frac{32}{75}$(m)입니다.

7 수를 곱했을 때 가장 큰 수가 나오기 위해서는 큰 수를 곱해야 합니다. 따라서 대분수에서 자연수 부분에 가장 큰 수인 8을 넣어야 합니다. 또한 8과 곱해지는 수가 큰 수여야 하므로 8을 제외한 2, 5, 6, 7 중 가장 큰 진분수를 만들면 $\frac{6}{7}$입니다.

다음으로 큰 진분수는 대분수에 들어가는 진분수입니다. 따라서 남은 2, 5를 이용하여 $\frac{2}{5}$를 만듭니다.

계산하면 $8\frac{2}{5}\times\frac{6}{7}=\frac{\overset{6}{\cancel{42}}}{5}\times\frac{6}{\underset{1}{\cancel{7}}}=\frac{6\times6}{5}=\frac{36}{5}=7\frac{1}{5}$입니다.

8 (1) 제시된 양은 5인분이므로, 3인분을 구하기 위해서는 각 재료를 $\frac{3}{5}$배 해야 합니다.

▶ 불린 미역: $2\frac{1}{2}\times\frac{3}{5}=\frac{\overset{1}{\cancel{5}}}{2}\times\frac{3}{\underset{1}{\cancel{5}}}=\frac{3}{2}=1\frac{1}{2}$(컵)

▶ 소고기: $\overset{42}{\cancel{210}}\times\frac{3}{\underset{1}{\cancel{5}}}=42\times\frac{3}{1}=126$(g)

▶ 국간장: $1\frac{2}{3}\times\frac{3}{5}=\frac{\overset{1}{\cancel{5}}}{\underset{1}{\cancel{3}}}\times\frac{\overset{1}{\cancel{3}}}{\underset{1}{\cancel{5}}}=1$(큰술)

▶ 다진 마늘: $\frac{7}{4}\times\frac{3}{5}=\frac{21}{20}=1\frac{1}{20}$(큰술)

▶ 물: $6\frac{2}{5}\times\frac{3}{5}=\frac{32}{5}\times\frac{3}{5}=\frac{96}{25}=3\frac{21}{25}$(컵)

(2) 제시된 양은 5인분이므로, 7인분을 구하기 위해서는 각 재료를 $\frac{7}{5}$배 해야 합니다.

▶ 불린 미역: $2\frac{1}{2}\times\frac{7}{5}=\frac{\overset{1}{\cancel{5}}}{2}\times\frac{7}{\underset{1}{\cancel{5}}}=\frac{7}{2}=3\frac{1}{2}$(컵)

▶ 소고기: $\overset{42}{\cancel{210}}\times\frac{7}{\underset{1}{\cancel{5}}}=42\times\frac{7}{1}=294$(g)

▶ 국간장: $1\frac{2}{3}\times\frac{7}{5}=\frac{\overset{1}{\cancel{5}}}{3}\times\frac{7}{\underset{1}{\cancel{5}}}=\frac{7}{3}=2\frac{1}{3}$(큰술)

▶ 다진 마늘: $\frac{7}{4}\times\frac{7}{5}=\frac{49}{20}=2\frac{9}{20}$(큰술)

▶ 물: $6\frac{2}{5}\times\frac{7}{5}=\frac{32}{5}\times\frac{7}{5}=\frac{224}{25}=8\frac{24}{25}$(컵)

단원평가 심화　　58~59쪽

1 (1) 식 $21\times29\frac{7}{10}=(21\times29)+\left(21\times\frac{7}{10}\right)$

$$=609+\frac{147}{10}=609+14\frac{7}{10}$$
$$=623\frac{7}{10}$$

답 $623\frac{7}{10}$ cm^2

(2) 식 $623\frac{7}{10}\times5=3115+\frac{35}{10}=3118\frac{\overset{1}{\cancel{5}}}{\underset{2}{\cancel{10}}}$
$$=3118\frac{1}{2}$$

답 $3118\frac{1}{2}$ cm^2

2 (1) $\frac{2}{5}$

(2) 해설 참조 / $\frac{1}{4}$

(3) 해설 참조 / $\frac{1}{8}$

(4) $\frac{1}{8}$

3 (1) $\frac{4}{21}$

(2) $\frac{2}{21}$

4 해설 참조 / 1000보

5 해설 참조 / $\frac{11}{27}$

6 해설 참조 / 4번

1 (2) A4 용지 1장의 넓이는 $623\frac{7}{10}$ cm^{2}입니다.

따라서 5장의 넓이는
$$623\frac{7}{10}\times5=3115+\frac{35}{10}=3118\frac{1}{2}\text{ (cm}^2)$$입니다.

2 (1) 파란색으로 칠한 부분은 전체를 똑같이 5로 나눈 것 중 2이므로 $\frac{2}{5}$입니다.

(2)
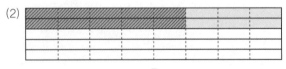

파란색으로 칠한 부분의 $\frac{5}{8}$는 파란색 부분을 8로 나눈 것 중 5입니다.

파란색 부분의 $\frac{5}{8}$는 전체를 똑같이 5×8로 나눈 것 중 2×5입니다.

따라서 분홍색으로 칠한 부분은 전체 벽의 $\frac{\overset{}{\cancel{10}}}{\underset{4}{\cancel{40}}}=\frac{1}{4}$입니다.

172

(3)

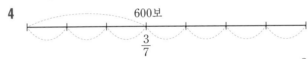

분홍색으로 칠한 부분을 2로 나눈 것 중 1은 전체 벽을 40으로 나눈 것 중 5입니다. 따라서 노란색으로 칠한 부분은 전체 벽의 $\dfrac{\overset{1}{\cancel{5}}}{\underset{8}{\cancel{40}}}=\dfrac{1}{8}$입니다.

또는 $\dfrac{10}{40}$을 반으로 나눈 것입니다. 따라서 $\dfrac{5}{40}$입니다.

분모와 분자를 5로 약분하여 나타내면 $\dfrac{1}{8}$입니다.

(4) $\dfrac{2}{5}\times\dfrac{5}{8}\times\dfrac{1}{2}=\dfrac{2\times5}{5\times8}\times\dfrac{1}{2}=\dfrac{\overset{1}{\cancel{2}}\times\overset{1}{\cancel{5}}\times1}{\underset{1}{\cancel{5}}\times8\times\underset{1}{\cancel{2}}}=\dfrac{1}{8}$

3 (1) $\dfrac{\overset{1}{\cancel{3}}}{\underset{1}{\cancel{5}}}\times\dfrac{4}{7}\times\dfrac{\overset{1}{\cancel{5}}}{\underset{3}{\cancel{9}}}=\dfrac{4}{7}\times\dfrac{1}{3}=\dfrac{4}{21}$

(2) $\dfrac{\overset{1}{\cancel{2}}}{\underset{\underset{1}{4}}{\cancel{8}}}\times\dfrac{\overset{2}{\cancel{6}}}{7}\times\dfrac{\overset{1}{\cancel{4}}}{\underset{1}{\cancel{5}}}\times\dfrac{\overset{1}{\cancel{5}}}{\underset{3}{\cancel{9}}}=\dfrac{2}{7}\times\dfrac{1}{3}=\dfrac{2}{21}$

4

지금까지 걸은 걸음은 600보이고, 목표로 세운 걸음의 $\dfrac{3}{7}$입니다. $200+200+200=600$이므로 목표로 세운 걸음의 $\dfrac{1}{7}$은 200보입니다. 따라서 목표로 세운 걸음의 $\dfrac{5}{7}$는 $200\times5=1000$(보)입니다.

5 봄을 좋아하는 학생 중 $\dfrac{4}{15}$는 여자이므로, 봄을 좋아하는 학생 중 $\dfrac{11}{15}$은 남자입니다. 따라서 봄을 좋아하는 남학생은 전체의 $\dfrac{\overset{1}{\cancel{5}}}{9}\times\dfrac{11}{\underset{3}{\cancel{15}}}=\dfrac{1\times11}{9\times3}=\dfrac{11}{27}$입니다.

6 바닥에 1번 닿으면 처음 높이의 $\dfrac{1}{2}$만큼 튀어 오릅니다.

2번 닿으면 $\dfrac{1}{2}\times\dfrac{1}{2}=\dfrac{1}{4}$, 3번 닿으면 $\dfrac{1}{2}\times\dfrac{1}{2}\times\dfrac{1}{2}=\dfrac{1}{8}$, 4번 닿으면 $\dfrac{1}{2}\times\dfrac{1}{2}\times\dfrac{1}{2}\times\dfrac{1}{2}=\dfrac{1}{16}$이므로 적어도 4번 바닥에 닿아야 합니다.

3단원 합동과 대칭

62~63쪽

기억하기

1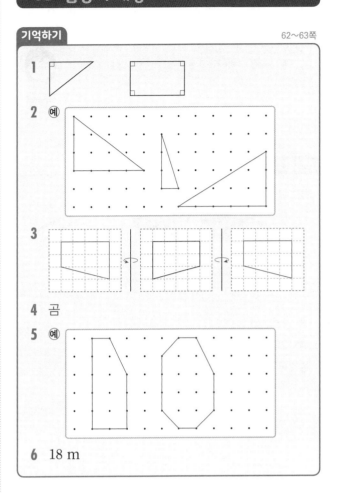

2 예

3

4 곰

5 예

6 18 m

생각열기 ①

64~65쪽

1 (1) ①과 ⑫, ③과 ⑩, ④와 ⑥, ⑤와 ⑲, ⑪과 ⑯
  (2) 모양과 크기가 같기 때문입니다. / 모양이 같기 때문입니다. / 모양과 색깔이 같기 때문입니다.

2 같은 도형입니다. 두 번째 도형을 돌리면 첫 번째 도형과 완전히 똑같은 모양이 되기 때문입니다.

3 변 ㄱㄴ과 변 ㄹㅁ의 길이가 같습니다. 변 ㄴㄷ과 변 ㅁㅂ의 길이가 같습니다. 변 ㄱㄷ과 변 ㄹㅂ의 길이가 같습니다.
  각 ㄱㄴㄷ과 각 ㄹㅁㅂ의 크기가 같습니다. 각 ㄴㄷㄱ과 각 ㅁㅂㄹ의 크기가 같습니다. 각 ㄷㄱㄴ과 각 ㅂㄹㅁ의 크기가 같습니다.

4 예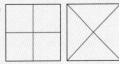

선생님의 참견

여러 가지 물건이나 도형 중에는 모양과 크기가 똑같은 것들이 있어요. 또한 모양은 같지만 크기가 다른 것, 크기는 같지만 모양이 다른 것도 있지요. 제시한 다양한 그림을 보고 이런 것들을 구별하고 그들 사이의 관계를 살펴보아요.

개념활용 ❶-1   66~67쪽

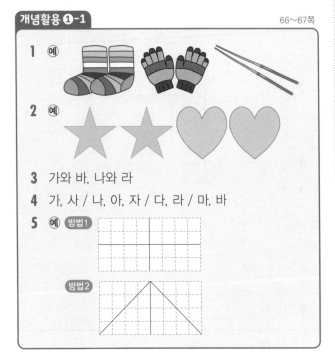

1 예

2 예

3 가와 바, 나와 라

4 가, 사 / 나, 아, 자 / 다, 라 / 마, 바

5 예 방법1

방법2

개념활용 ❶-2   68~69쪽

1 (1) 겹치는 꼭짓점: 점 ㄱ과 점 ㄹ, 점 ㄴ과 점 ㅁ, 점 ㄷ과 점 ㅂ
겹치는 변: 변 ㄱㄴ과 변 ㄹㅁ, 변 ㄴㄷ과 변 ㅁㅂ, 변 ㄱㄷ과 변 ㄹㅂ
겹치는 각: 각 ㄱㄴㄷ과 각 ㄹㅁㅂ, 각 ㄴㄷㄱ과 각 ㅁㅂㄹ, 각 ㄷㄱㄴ과 각 ㅂㄹㅁ
(2) 포개었을 때 겹치는 변의 길이는 같습니다. 포개었을 때 겹치는 각의 크기는 같습니다.

2 (1) 대응점: 점 ㄱ과 점 ㅇ, 점 ㄴ과 점 ㅅ, 점 ㄷ과 점 ㅂ, 점 ㄹ과 점 ㅁ
대응변: 변 ㄱㄴ과 변 ㅇㅅ, 변 ㄴㄷ과 변 ㅅㅂ, 변 ㄷㄹ과 변 ㅂㅁ, 변 ㄱㄹ과 변 ㅇㅁ
대응각: 각 ㄱㄴㄷ과 각 ㅇㅅㅂ, 각 ㄴㄷㄹ과 각 ㅅㅂㅁ, 각 ㄷㄹㄱ과 각 ㅂㅁㅇ, 각 ㄹㄱㄴ과 각 ㅁㅇㅅ

(2) 140°, 80°
(3) 56 m

3 예 – 합동인 두 도형을 완전히 포개었을 때 겹치는 변이 대응변이기 때문이야.
– 합동인 두 도형을 완전히 포개었을 때 겹치는 각을 대응각이라고 해.
– 합동인 두 도형에서 각각의 대응각의 크기는 같아.

2 (3) 두 사각형의 둘레의 길이의 합은 56 m입니다. 변 ㄱㄴ은 변 ㅇㅅ과 대응변이므로 4 m, 변 ㄹㄷ은 변 ㅁㅂ과 대응변이므로 9 m입니다. 네 변을 모두 더하면 28 m이고, 두 개이므로 28+28=56(m)입니다.

생각열기 ❷   70~71쪽

1 해설 참조

2 (1) (2)

(3) (4)

(5) (6)

3 예 – 한 선을 기준으로 양쪽의 모양이 똑같습니다.
– 반으로 접었을 때 완전히 겹칩니다.
– 겹치는 변이 있습니다.
– 겹치는 각이 있습니다.

1

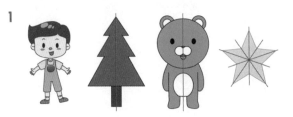

선생님의 참견

반으로 접었을 때 완전히 겹치는 도형이 있을까요? 활동을 통해 그러한 도형을 찾아보고 어떻게 접으면 완전히 겹칠지 생각해 보아요.

개념활용 ❷-1

72~73쪽

1
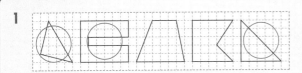

2 해설 참조

3 해설 참조

4 (1) 4 　　　　　　 (2) 3

2

1개

2개

5개 　　　　 4개

3 (예)
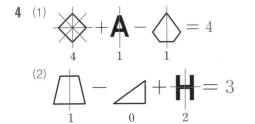

4 (1)

$\diamondsuit$ + **A** − $\pentagon$ = 4
　4　　　1　　　1

(2)

$\trapezoid$ − $\triangle$ + **H** = 3
　1　　　0　　　2

개념활용 ❷-2

74~75쪽

1 (1) 점 ㄱ과 점 ㅇ, 점 ㄴ과 점 ㅅ, 점 ㄷ과 점 ㅂ, 점 ㄹ과 점 ㅁ

(2) 대응변: 변 ㄱㅈ과 변 ㅇㅈ, 변 ㄱㄴ과 변 ㅇㅅ, 변 ㄴㄷ과 변 ㅅㅂ, 변 ㄷㄹ과 변 ㅂㅁ, 변 ㄹㅊ과 변 ㅁㅊ / 대응변의 길이는 같습니다.

대응각: 각 ㅈㄱㄴ과 각 ㅈㅇㅅ, 각 ㄱㄴㄷ과 각 ㅇㅅㅂ, 각 ㄴㄷㄹ과 각 ㅅㅂㅁ, 각 ㄷㄹㅊ과 각 ㅂㅁㅊ / 대응각의 크기는 같습니다.

(3)
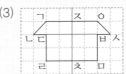

대칭축에 의해 나누어지는 두 선분의 길이는 같습니다.

2 잘못 말한 친구 바다

바르게 고치기 각 ㅅㄱㄴ과 각 ㅅㅂㅁ이 같고, 각 ㅂㅁㄹ과 각 ㄱㄴㄷ이 같아.

3 (1) 8, 60
(2) 11, 20

3 (2) 제시된 도형은 선대칭도형입니다. 선분 ㄱㄴ과 선분 ㄱㄹ은 대응변이므로 선분 ㄱㄹ은 11 cm입니다. 각 ㄱㄷㄹ과 각 ㄱㄷㄹ은 대응각이므로 각 ㄱㄷㄴ은 120°입니다. 삼각형 내각의 합은 180°이므로 각 ㄱㄴㄷ은 20°입니다.

개념활용 ❷-3

76~77쪽

1~2 해설 참조

1 (1)
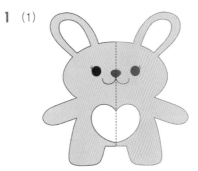

(2)

2

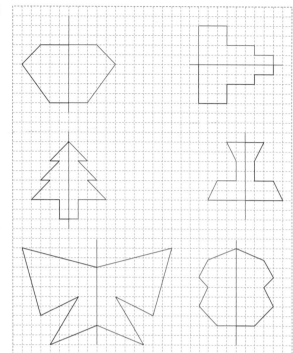

선생님의 참견

18° 돌렸을 때 모양이 똑같은 도형이 있을까요? 이런 도형은 마주 보고 앉은 사람에게 서로 똑같이 보일까요? 펜토미노 조각, 한글의 자음, 모음을 이용하여 이런 도형을 찾아보세요.

생각열기 ❸   78~79쪽

1 해설 참조

2 (1) ㄹ, ㅁ, ㅇ, ㅍ
　　(2) ㅡ, ㅣ
　　(3) **예** 이름, 음

3 **예**

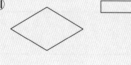

1

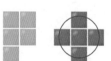

개념활용 ❸-1   80~81쪽

1 180°

2

3

4 (1)

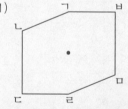

(2) **예** 선분 ㄱㄹ의 가운데가 대칭의 중심입니다. 대응점끼리 연결했을 때 선분들이 만나는 곳이 대칭의 중심입니다.

(3) 점 ㄱ과 점 ㄹ, 점 ㄴ과 점 ㅁ, 점 ㄷ과 점 ㅂ

(4)

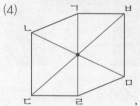

　　　　　　　　　　　　　, 일치합니다.

(5) 변 ㄱㄴ과 변 ㄹㅁ, 변 ㄴㄷ과 변 ㅁㅂ, 변 ㄷㄹ과 변 ㅂㄱ

(6) 각 ㄱㄴㄷ과 각 ㄹㅁㅂ, 각 ㄴㄷㄹ과 각 ㅁㅂㄱ, 각 ㄷㄹㅁ과 각 ㅂㄱㄴ

개념활용 ❸-2

1 (1)
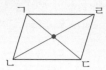

(2) 점 ㄱ과 점 ㄷ, 점 ㄴ과 점 ㄹ

(3) 변 ㄱㄴ과 변 ㄷㄹ, 변 ㄴㄷ과 변 ㄹㄱ
각각의 대응변의 길이가 서로 같습니다.

(4) 각 ㄱㄴㄷ과 각 ㄷㄹㄱ, 각 ㄴㄷㄹ과 각 ㄹㄱㄴ
각각의 대응각의 크기가 서로 같습니다.

(5) 선분 ㄱㅇ과 선분 ㄷㅇ의 길이가 같고, 선분 ㄴ
ㅇ과 선분 ㄹㅇ의 길이도 같습니다. 점대칭도
형에서 대칭의 중심은 대응점을 이은 선분을
이등분합니다.

2 (1) ㉢, ㉣

(2) ㉢: 점대칭도형에서 대응각의 크기는 같습니다.
㉣: 대칭의 중심은 대응점을 이은 선분을 똑같
이 둘로 나눕니다.

3 (1) 70
(2) 14, 30

개념활용 ❸-3

1 (1)

(2)

2 (1)~(4) 해설 참조

3 해설 참조

2 (1)
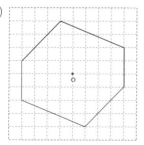

(2)
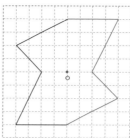

(3)
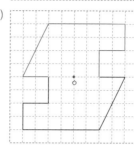

(4)
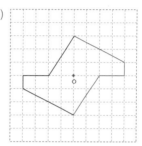

3 예
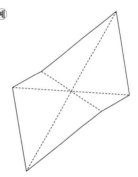

그린 방법 대칭의 중심을 지나고 대칭의 중심이 각 선분을
이등분하도록 선분 3개를 그은 후 끝점을 잇습니다.

표현하기

스스로 정리

1 합동의 뜻: 모양과 크기가 같아서 포개었을 때 완전
히 겹치는 두 도형을 서로 합동이라고 합니다.
합동의 성질: 서로 합동인 두 도형에서 각각의 대응
변의 길이와 대응각의 크기는 서로 같습니다.
선대칭도형의 뜻: 한 직선을 따라 접어서 완전히
포개어지는 도형을 선대칭도형이라고 합니다.

선대칭도형의 성질:
- 선대칭도형에서 각각의 대응변의 길이는 서로 같습니다.
- 선대칭도형에서 각각의 대응각의 크기는 서로 같습니다.
- 선대칭도형의 대응점끼리 이은 선분은 대칭축과 수직으로 만납니다.
- 선대칭도형에서 대칭축은 대응점끼리 이은 선분을 둘로 똑같이 나눕니다.

점대칭도형의 뜻: 한 도형을 어떤 점을 중심으로 $180°$ 돌렸을 때 처음 도형과 완전히 겹치면 이 도형을 점대칭도형이라고 합니다.

점대칭도형의 성질:
- 점대칭도형에서 각각의 대응변의 길이는 서로 같습니다.
- 점대칭도형에서 각각의 대응각의 크기는 서로 같습니다.
- 대칭의 중심은 대응점끼리 이은 선분을 둘로 똑같이 나눕니다.

개념 연결

직각과 1도

직각: 종이를 반듯하게 두 번 접었을 때 생기는 각

$1°$: 직각을 똑같이 90으로 나눈 것 중 하나를 1도라 하고, $1°$라고 씁니다.

평면도형 돌리기

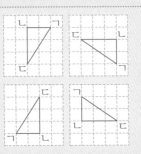

---

1. 서로 합동인 도형에서는 대응각의 크기가 같아. 선대칭도형의 성질을 보면 대응각의 크기가 같고, 대응점끼리 이은 선분이 대칭축과는 수직으로 만나지.
점대칭도형은 한 도형을 대칭점을 중심으로 $180°$ 돌렸을 때 처음 도형과 완전히 겹치고, 대응각의 크기도 같아.

선생님 놀이

1. 삼각형 ㅁㄱㄴ과 삼각형 ㄷㄹㅁ이 서로 합동이므로 선분 ㄱㄴ의 길이는 선분 ㄹㅁ의 길이과 같이 7 m이고, 선분 ㄷㄹ의 길이는 선분 ㅁㄱ의 길이와

같이 17 m입니다.
따라서 사각형 ㄱㄴㄷㄹ의 둘레의 길이는 $7+26+17+7+17=74(m)$입니다.

2.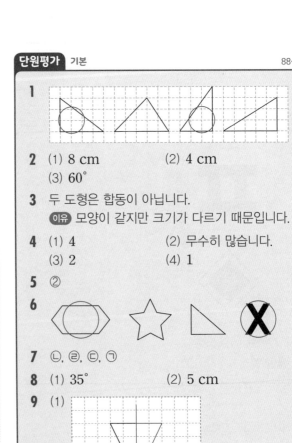

선대칭도형은 대칭축을 따라 접어서 완전히 포개어지는 도형이므로 **가, 라, 마, 바**입니다.
점대칭도형은 어떤 점을 중심으로 $180°$ 돌렸을 때 처음 도형과 완전히 겹쳐지는 도형이므로 **다, 바**입니다.
원 **바**는 선대칭도형도 되고 점대칭도형도 됩니다.

단원평가 기본   88~89쪽

1

2. (1) 8 cm   (2) 4 cm
   (3) $60°$

3. 두 도형은 합동이 아닙니다.
   이유 모양이 같지만 크기가 다르기 때문입니다.

4. (1) 4   (2) 무수히 많습니다.
   (3) 2   (4) 1

5. ②

6.

7. ㉡, ㉢, ㉣, ㉠

8. (1) $35°$ (2) 5 cm

9. (1)

---

(2)

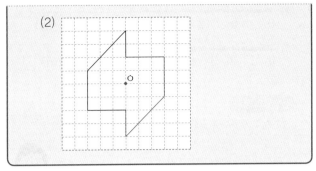

4 (1)

(2)

(3)

(4)

1 3쌍

2 243 cm^2

3 해설 참조

4 28 cm

5

6 해설 참조
풀이 그려진 부분의 둘레와 넓이를 구한 후 2배를 하면 점대칭도형의 둘레와 넓이를 구할 수 있습니다. / 48 cm, 40 cm^2

1 합동인 삼각형은 삼각형 ㄱㄴㄹ과 삼각형 ㄹㄷㄱ, 삼각형 ㄱㄴㄷ과 삼각형 ㄹㄷㄴ, 삼각형 ㄱㄴㅁ과 삼각형 ㄹㄷㅁ입니다.

2 삼각형 ㄱㄷㅂ과 삼각형 ㄱㄷㄹ은 합동이므로 변 ㅂㄷ과 변 ㄹㄷ의 길이는 같습니다. 따라서 변 ㄹㄷ의 길이는 9 cm입니다. 삼각형 ㄱㄴㅁ과 삼각형 ㄷㅂㅁ은 합동이므로 변 ㄷㅁ은 15 cm입니다. 따라서 직사각형 ㄱㄴㄷㅁ은

가로 27 cm, 세로 9 cm입니다. 직사각형 ㄱㄴㄷㄹ의 넓이는 $27 \times 9 = 243 (cm^2)$입니다.

3

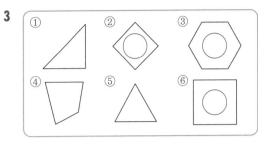

선대칭도형은 ①, ②, ③, ⑤, ⑥번, 점대칭도형은 ②, ③, ⑥번입니다. 따라서 선대칭도형도 되고 점대칭도형도 되는 도형은 ②, ③, ⑥번입니다.

4 변 ㅁㄹ은 변 ㄱㅈ의 대응변이므로 5 cm,
변 ㄱㄴ은 변 ㅁㅂ의 대응변이므로 2 cm,
변 ㄴㄷ은 변 ㅂㅅ의 대응변이므로 3 cm,
변 ㅅㅈ은 변 ㄷㄹ의 대응변이므로 4 cm
따라서 점대칭도형의 둘레는 28 cm입니다.

6 1 cm^2

점대칭도형을 완성하면 둘레는 48 cm입니다. / 그려진 부분의 둘레를 구하면 24 cm입니다. 점대칭도형의 둘레는 그려진 부분의 둘레의 2배이므로 점대칭도형의 둘레는 $24 \times 2 = 48 (cm)$입니다.
둘레와 마찬가지로 점대칭도형을 완성하여 넓이를 구하면 40 cm^{2}임을 알 수 있습니다. / 그려진 부분의 넓이를 구하면 20 cm^{2}입니다. 점대칭도형의 넓이는 그려진 부분의 넓이의 2배이므로 점대칭도형의 넓이는 $20 \times 2 = 40 (cm^2)$입니다.

기억하기

94~95쪽

1 0.1, $\dfrac{3}{10}$, $\dfrac{5}{10}$, 0.5, $\dfrac{8}{10}$, 0.9

2 $\dfrac{7}{10}$, 0.7

3 (1) 6.18
   (2) 4.67

4 (1) $\dfrac{5}{\cancel{9}_{3}} \times \cancel{6}^{2} = \dfrac{5}{3} \times 2 = \dfrac{10}{3} = 3\dfrac{1}{3}$

   (2) $\cancel{18}^{6} \times \dfrac{7}{\cancel{15}_{5}} = 6 \times \dfrac{7}{5} = \dfrac{42}{5} = 8\dfrac{2}{5}$

   (3) $\dfrac{\cancel{2}^{1}}{\cancel{3}_{1}} \times \dfrac{\cancel{3}^{1}}{\cancel{4}_{2}} = \dfrac{1}{2}$

   (4) $\dfrac{\cancel{5}^{1}}{\cancel{12}_{3}} \times \dfrac{\cancel{8}^{2}}{\cancel{15}_{3}} = \dfrac{2}{9}$

   (5) $1\dfrac{2}{3} \times 2\dfrac{2}{5} = \dfrac{\cancel{5}^{1}}{\cancel{3}_{1}} \times \dfrac{\cancel{12}^{4}}{\cancel{5}_{1}} = 4$

   (6) $1\dfrac{7}{9} \times 3\dfrac{3}{16} = \dfrac{\cancel{16}}{\cancel{9}_{3}} \times \dfrac{\cancel{51}^{17}}{\cancel{16}_{1}} = \dfrac{17}{3} = 5\dfrac{2}{3}$

생각열기 ❶

96~97쪽

1 (1) 0.6×6
   (2) 해설 참조
   (3) $0.6 \times 6 = 0.6 + 0.6 + 0.6 + 0.6 + 0.6 + 0.6$
       $= 3.6$(m)
   (4) $0.6 \times 6 = \dfrac{6}{10} \times 6 = \dfrac{36}{10} = 3.6$(m)
       0.6×6은 0.1이 모두 36개이므로 3.6 m입니다.

2 (1) 1.2×7
   (2) 해설 참조
   (3) $1.2 \times 7 = 1.2 + 1.2 + 1.2 + 1.2 + 1.2 + 1.2$
       $+ 1.2 = 8.4$(km)
   (4) $1.2 \times 7 = \dfrac{12}{10} \times 7 = \dfrac{84}{10} = 8.4$(km)
       1.2×7은 0.1이 모두 84개이므로 8.4 km입니다.

---

1 (2) 그림: 0 1 2 3 4 5 6(m)

2 (2) 그림: 0 1 2 3 4 5 6 7 8 9 10(km)

선생님의 참견

소수와 자연수의 곱셈을 하는 방법을 추측해야 해요.
곱셈의 의미를 이용하거나 분수의 곱셈을 이용하여
계산할 수 있는지 떠올려 보세요.

개념활용 ❶-1

98~99쪽

1 (1) ① (0.1 0.1 0.1) (0.1 0.1 0.1) (0.1 0.1 0.1)
       ② 3, 3, 9, 0.9
       ③ 9, 0.9
   (2) ① 해설 참조
       ② $0.1 \times 15 \times 3 = 0.1 \times 45 = 4.5$
       ③ 45, 4.5

2 (1) 4, 4, 2, 8, 0.8
   (2) $0.7 \times 8 = \dfrac{7}{10} \times 8 = \dfrac{7 \times 8}{10} = \dfrac{56}{10} = 5.6$
   (3) $2.4 \times 6 = \dfrac{24}{10} \times 6 = \dfrac{24 \times 6}{10} = \dfrac{144}{10} = 14.4$
   (4) $5.2 \times 8 = \dfrac{52}{10} \times 8 = \dfrac{52 \times 8}{10} = \dfrac{416}{10} = 41.6$

3 (1) 2.8
   (2) 27.2

---

1 (2) (0.1 0.1 0.1 0.1 0.1 0.1 0.1 0.1 0.1 0.1 0.1 0.1 0.1 0.1 0.1)
      (0.1 0.1 0.1 0.1 0.1 0.1 0.1 0.1 0.1 0.1 0.1 0.1 0.1 0.1 0.1)
      (0.1 0.1 0.1 0.1 0.1 0.1 0.1 0.1 0.1 0.1 0.1 0.1 0.1 0.1 0.1)

2 (1) $0.4 \times 2 = \dfrac{4}{10} \times 2 = \dfrac{4 \times 2}{10} = \dfrac{8}{10} = 0.8$

생각열기 ❷

100~101쪽

1 (1) 42×0.4
   (2) 예 0.4는 0.5에 가깝고 0.5는 $\dfrac{1}{2}$이므로
       42×0.4는 $42 \times \dfrac{1}{2}$로 생각하여 21쯤 될 것 같습니다.

(3) $42 \times 0.4 = 42 \times \dfrac{4}{10} = \dfrac{42 \times 4}{10} = \dfrac{168}{10}$
   $= 16.8(\text{kg})$

(4) $42 \times 4 = 168$이므로 $42 \times 0.4 = 16.8(\text{kg})$입니다.

2 (1) 1.8×1.8

(2) 어림하면 $2 \times 2 = 4(\text{m}^2)$보다는 조금 작을 것 같습니다.

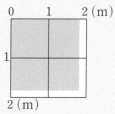

(3) $1.8 \times 1.8 = \dfrac{18}{10} \times \dfrac{18}{10} = \dfrac{18 \times 18}{10 \times 10} = \dfrac{324}{100}$
   $= 3.24(\text{m}^2)$

(4) $18 \times 18 = 324$이므로 $1.8 \times 18 = 32.4$이고, $1.8 \times 1.8 = 3.24(\text{m}^2)$입니다.

선생님의 참견

소수와 소수의 곱셈은 소수와 자연수의 곱셈의 의미를 이용하기 어렵지요. 소수를 분수로 고치면 분수의 곱셈을 연결하여 해결할 수 있어요. 자연수의 곱셈을 이용할 수 있는 방법도 생각해 보세요.

개념활용 ❷-1 102~103쪽

1 (1) 8, 4, 8, 32, 3.2

(2) $6 \times 2.4 = 6 \times \dfrac{24}{10} = \dfrac{6 \times 24}{10} = \dfrac{144}{10} = 14.4$

(3) $0.7 \times 1.3 = \dfrac{7}{10} \times \dfrac{13}{10} = \dfrac{7 \times 13}{10 \times 10} = \dfrac{91}{100}$
   $= 0.91$

(4) $3.5 \times 2.9 = \dfrac{35}{10} \times \dfrac{29}{10} = \dfrac{35 \times 29}{10 \times 10} = \dfrac{1015}{100}$
   $= 10.15$

2 (1) $3 \times 9 = 27$이므로 $3 \times 0.9 = 2.7$입니다.

(2) $15 \times 15 = 225$이므로 $1.5 \times 15 = 22.50$이고, $1.5 \times 1.5 = 2.25$입니다.

3 (1) 0.24

(2) 43.66

---

1 (1) $4 \times 0.8 = 4 \times \dfrac{8}{10} = \dfrac{4 \times 8}{10} = \dfrac{32}{10} = 3.2$

개념활용 ❷-2 104~105쪽

1 해설 참조

2 (1) $0.8 \times 3 = \dfrac{8}{10} \times 3 = \dfrac{8 \times 3}{10} = \dfrac{24}{10} = 2.4$

(2) $0.8 \times 0.3 = \dfrac{8}{10} \times \dfrac{3}{10} = \dfrac{8 \times 3}{10 \times 10} = \dfrac{24}{100}$
   $= 0.24$

(3) 8×3에서 소수가 한 자리씩 늘어나면 분수로 나타낼 때 분모가 10, 100, 1000이 되므로 계산 결과를 다시 소수로 바꿀 때, 소수의 소수점 아래 자리 수가 한 자리씩 늘어나게 됩니다.

3 소수의 곱셈에서 곱한 결과의 소수점 아래 자리 수는 곱하는 두 수의 소수점 아래 자리 수를 더한 것과 같습니다.

4 (1) 9.88

(2) 0.988

(3) 9.88

5 (1) 10.8

(2) 5.85

---

1 곱하는 수가 10배가 되면, 곱의 결과도 10배가 됩니다. 곱하는 수가 0.1배가 되면, 곱의 결과도 0.1배가 됩니다. 곱하는 수에 따라 소수점의 위치가 달라집니다. 곱하는 수의 0이 늘어날 때마다 곱의 결과의 소수점이 오른쪽으로 한 자리씩 옮겨지고, 곱하는 수의 소수점 아래 자리가 하나씩 늘어날 때마다 곱의 결과의 소수점이 왼쪽으로 한 자리씩 옮겨집니다.

표현하기 106~107쪽

스스로 정리

1 (덧셈으로 해결하기)
$0.3 \times 5 = 0.3 + 0.3 + 0.3 + 0.3 + 0.3 = 1.5$
(분수로 고쳐 해결하기)
$0.3 \times 5 = \dfrac{3}{10} \times 5 = \dfrac{15}{10} = 1.5$
(자연수의 곱으로 계산하고 소수점 찍기)
$3 \times 5 = 15$이므로 $0.3 \times 5 = 1.5$

2 (분수로 고쳐 해결하기)
$1.8 \times 2.34 = \dfrac{18}{10} \times \dfrac{234}{100} = \dfrac{4212}{1000} = 4.212$
(자연수의 곱으로 계산하고 소수점 찍기)
$18 \times 234 = 4212$이므로 $1.8 \times 2.34 = 4.212$

자연수의 곱셈	9×4는 9을 네 번 더하는 덧셈과 같습니다. 그러므로 $9 \times 4 = 9 + 9 + 9 + 9 = 36$ 입니다.
분수의 곱셈	분수의 곱셈은 분자는 분자끼리, 분모는 분모끼리 계산합니다. $\dfrac{3}{10} \times \dfrac{12}{10} = \dfrac{3 \times 12}{10 \times 10} = \dfrac{36}{100}$

1 예를 들어 0.5×1.3과 같은 소수의 곱셈을 할 때 자연수의 곱셈을 이용하면 $5 \times 13 = 65$인데 곱하는 두 수의 소수점 아래 자리 수가 각각 1자리이므로 곱한 결과의 소수점 아래 자리 수는 이들을 더한 $1 + 1 = 2$(자리)야. 그러므로 $0.5 \times 1.3 = 0.65$야.

소수의 곱셈은 분수의 곱셈으로도 해결할 수 있어.

$0.5 \times 1.3 = \dfrac{5}{10} \times \dfrac{13}{10} = \dfrac{65}{100} = 0.65$

이 결과는 자연수의 곱셈을 이용한 결과와도 같지.

1 산이가 지난 한 주 동안 운동한 거리는 각각의 방법으로 운동한 거리를 모두 더하면 되는데 똑같은 수를 더하는 것은 곱셈으로 표현할 수 있으니 식은 다음과 같습니다.

$1.4 \times 3 + 2.6 \times 2 + 3.2 \times 2$

이것을 계산하면 $1.4 \times 3 + 2.6 \times 2 + 3.2 \times 2$
$= 4.2 + 5.2 + 6.4 = 15.8$입니다.

산이가 지난 한 주 동안 운동한 거리는 15.8 km 입니다.

2 가로와 세로의 길이를 각각 1.5배씩 늘리면
가로의 길이: $9.2 \times 1.5 = 13.8$(m)
세로의 길이: $8.6 \times 1.5 = 12.9$(m)
이므로 새로운 놀이터의 넓이는
$13.8 \times 12.9 = 178.02$(m²)입니다.

 108~109쪽

1 (1) ① $(0.1\,0.1)\,(0.1\,0.1)$
　　　　 $(0.1\,0.1)\,(0.1\,0.1)$
　　② $2, 4, 8, 0.8$
　　③ $8, 0.8$

(2) ① $(0.1\,0.1\,0.1\,0.1\,0.1\,0.1\,0.1)$
　　　 $(0.1\,0.1\,0.1\,0.1\,0.1\,0.1\,0.1)$
　　　 $(0.1\,0.1\,0.1\,0.1\,0.1\,0.1\,0.1)$
　　② $7, 3, 21, 2.1$
　　③ $21, 2.1$

(3) ① $\begin{pmatrix} 0.1\,0.1\,0.1\,0.1\,0.1\,0.1\,0.1 \\ 0.1\,0.1\,0.1\,0.1\,0.1\,0.1\,0.1 \\ 0.1\,0.1\,0.1\,0.1 \end{pmatrix}$
　　　 $\begin{pmatrix} 0.1\,0.1\,0.1\,0.1\,0.1\,0.1\,0.1 \\ 0.1\,0.1\,0.1\,0.1\,0.1\,0.1\,0.1 \\ 0.1\,0.1\,0.1\,0.1 \end{pmatrix}$
　　② $19, 2, 38, 3.8$
　　③ $38, 3.8$

2 $1.8 \times 4 = 0.1 \times 18 \times 4 = 0.1 \times 72 = 7.2$ / 7.2 L

3 (1) 1.6
　(2) 0.28
　(3) 2.1
　(4) 0.672

4

5 (1) $4 \times 9 = 36$이므로 $4 \times 0.9 = 3.6$입니다.
　(2) $18 \times 25 = 450$이므로 $1.8 \times 2.5 = 4.5$입니다.

6 (1) $2\ 1\ 9\ 7\ .\ 6$
　(2) $6\ 9\ 1\ .\ 8\ 4$

7 0.18 m²

8 (1) $>$
　(2) $<$

9 (1) 5.6
　(2) 37.76

10 6.84 m

11 4.5 cm

3 (1) $0.2 \times 8 = \dfrac{2}{10} \times 8 = \dfrac{16}{10} = 1.6$

(2) $0.7 \times 0.4 = \dfrac{7}{10} \times \dfrac{4}{10} = \dfrac{28}{100} = 0.28$

(3) $1.4 \times 1.5 = \dfrac{14}{10} \times \dfrac{15}{10} = \dfrac{210}{100} = 2.1$

(4) $2.1 \times 0.32 = \dfrac{21}{10} \times \dfrac{32}{100} = \dfrac{672}{1000} = 0.672$

7 직사각형의 넓이이므로 $0.6 \times 0.3 = 0.18$(m²)입니다.

8 (1) $0.6 \times 8 = 4.8$, $0.9 \times 5 = 4.5$이므로 $4.8 > 4.5$입니다.
　(2) $7.3 \times 0.8 = 5.84$, $1.4 \times 6.1 = 8.54$이므로 $5.84 < 8.54$ 입니다.

182

10 12번 걸었으므로 $0.57 \times 12 = 6.84$(m)입니다.

11 3달 동안에는 $1.5 \times 3 = 4.5$(cm) 자랍니다.

---

1 ©, ◎

2 $1.3 \times 7 = 9.1$ / 9.1 km

3 81.3 km

4 ⒳ 8.11×3.2 ⒟ 25.952 cm²

5 $8.7 \times 7.8 = \dfrac{87}{10} \times \dfrac{78}{10} = \dfrac{6786}{100} = 67.86$ / 67.86

6 (1) 1.26
   (2) 3.045

7 210.975 km

8 103 cm²

---

1 ⊙ $0.5 \times 2 = 1$ © $1.5 \times 0.5 = 0.75$

   © $0.6 \times 1.7 = 1.02$ ◎ $0.2 \times 0.8 = 0.16$

   ◎ $1.2 \times 0.9 = 1.08$이므로 1보다 큰 것은 ©, ◎입니다.

3 1시간 30분을 분수로 바꾸면 $1\dfrac{1}{2}$시간이고, 소수로 바꾸면

   1.5시간입니다.

   1.5시간 동안 자동차가 이동한 거리는 $54.2 \times 1.5 = 81.30$
   $= 81.3$ (km)입니다.

7 $42.195 \times 5 = 210.975$(km)입니다.

8 $8.24 \times 12.5 = 103$(cm²)입니다.

5단원   직육면체

1 다

   ⒟ 뾰족한 부분이 있습니다. / 평평한 부분이 있습니다. / 여러 개를 잘 쌓을 수 있습니다. / 잘 굴러가지 않습니다.

2 공통점 모두 사각형입니다.
           네 변으로 둘러싸여 있습니다.
   차이점 사각형들의 변의 길이가 다릅니다.
           사각형들의 각의 크기가 다릅니다.

3 ⒟

4 다

5

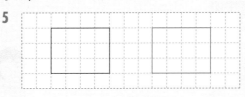

---

1 ⒟ – 사각형으로 둘러싸여 있습니다.
      – 사각형은 모두 6개입니다.
      – 상자의 뾰족한 곳이 모두 8곳입니다.
      – 사각형과 사각형이 만나서 선이 만들어지는 곳이 12곳입니다.

2 해설 참조

3 해설 참조

4 해설 참조

2

공통점	차이점
• 위, 아래 면이 합동입니다. • 위, 아래 면이 평행합니다. • 기둥 모양으로 되어 있습니다.	• 위, 아래 면이 가는 사각형인데, 나는 원입니다. • 옆면이 가는 사각형인데, 나는 둥그스름합니다. • 가는 꼭짓점이 있는데, 나는 꼭짓점이 없습니다.

3

공통점	차이점
• 위, 아래 면이 합동입니다. • 위, 아래 면이 평행합니다. • 기둥 모양으로 되어 있습니다. • 옆면이 사각형입니다.	• 위, 아래 면이 **가**는 사각형인데, **나**는 오각형입니다. • 옆면이 4개, 5개로 다릅니다. • 뾰족한 부분(꼭짓점)이 8개, 10개로 다릅니다. • 면이 만나서 만들어지는 선(모서리)이 12개, 15개로 다릅니다.

4

공통점	차이점
• 면이 사각형입니다. • 모든 모서리가 수직으로 만납니다.	• **가**는 면이 직사각형이고, **나**는 면이 정사각형입니다.

선생님의 참견

상자 모양을 본격적으로 탐구해요. 다양한 상자 모양의 특징을 살펴보고, 상자 모양과 둥근 기둥 모양의 공통점과 차이점도 다시 정리해 보아요.

개념활용 ❶-1 118~119쪽

1 (1) 8개
  (2) 12개
  (3) 6개

2 다릅니다. 직육면체의 선은 면과 면이 만나서 만들어졌고, 직사각형의 선은 점과 점이 이어져 만들어진 선분입니다. 따라서, 직육면체의 선은 모서리이고, 직사각형의 선은 변입니다.

3 예 필통, 지우개, 책

4 (1) 아닙니다에 ○표
  이유 밑면이 직사각형이 아니기 때문입니다.
  (2) 아닙니다에 ○표
  이유 옆면이 직사각형이 아니기 때문입니다.
  또는 밑면이 합동이 아니기 때문입니다.
  (3) 아닙니다에 ○표
  이유 옆면이 직사각형이 아니기 때문입니다.
  또는 옆면이 밑면에 수직이 아니기 때문입니다.

개념활용 ❶-2 120~121쪽

1 가, 나, 다 / 나

2 (1) 8개
  (2) 12개

---

  (3) 6개
  (4) 정사각형

3 해설 참조

4 모서리는 12개, 면은 6개, 꼭짓점은 8개입니다.
  면의 모양은 모두 정사각형입니다.
  모서리의 길이가 모두 같습니다.

5 예 주사위, 블록

6 아닙니다에 ○표
  이유 정사각형이 아닌 면이 있습니다.

3

공통점	차이점
• 면이 6개입니다. • 모서리가 12개입니다. • 꼭짓점이 8개입니다. • 모든 면이 사각형으로 되어 있습니다.	• 직육면체는 모든 면이 직사각형이지만, 정육면체는 모든 면이 정사각형입니다. • 직육면체는 면의 크기가 다른 것도 있지만, 정육면체는 면의 크기가 모두 같습니다. • 직육면체는 모서리의 길이가 다른 것도 있지만, 정육면체는 모서리의 길이가 모두 같습니다.

개념활용 ❶-3 122~123쪽

1 (1) 해설 참조
  (2) 3쌍
  (3) 밑면

2 (1) 면 ㅁㅂㅅㅇ
  (2) 면 ㄱㅁㅂㅅ, 면 ㄴㅂㅅㄷ, 면 ㄷㅅㅇㄹ, 면 ㄱㅁㅇㄹ
  (3) 4개

1 (1)

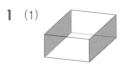

생각열기 ❷ 124~125쪽

1 (1)

  (2)

  (3)

  (4) 1개, 2개, 3개

184

2 (1)

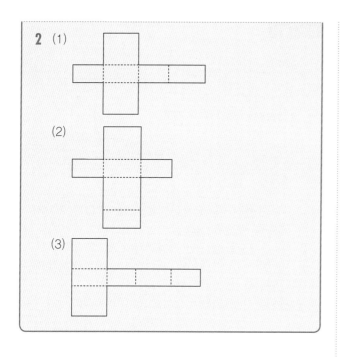

(2)

(3)

128~129쪽

개념활용 ②-2

1 (1)

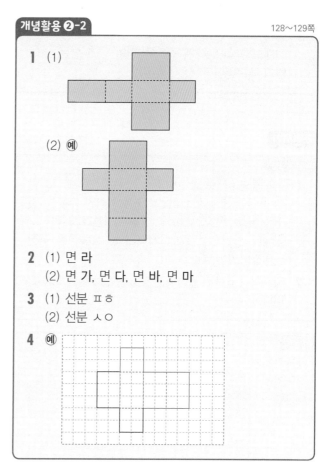

(2) 예

2 (1) 면 라
(2) 면 가, 면 다, 면 바, 면 마

3 (1) 선분 ㅍㅎ
(2) 선분 ㅅㅇ

4 예

선생님의 참견

직육면체를 바라보는 방향에 따라 보이는 모양이 다를 수 있어요. 그리고 어떤 모서리를 자르냐에 따라 펼친 그림도 다양해요.

126~127쪽

개념활용 ②-1

1

가   마

다

나   라

2

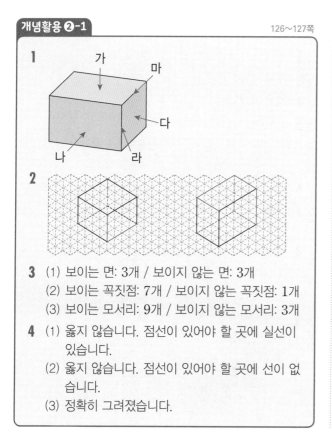

3 (1) 보이는 면: 3개 / 보이지 않는 면: 3개
(2) 보이는 꼭짓점: 7개 / 보이지 않는 꼭짓점: 1개
(3) 보이는 모서리: 9개 / 보이지 않는 모서리: 3개

4 (1) 옳지 않습니다. 점선이 있어야 할 곳에 실선이 있습니다.
(2) 옳지 않습니다. 점선이 있어야 할 곳에 선이 없습니다.
(3) 정확히 그려졌습니다.

130~131쪽

개념활용 ②-3

1

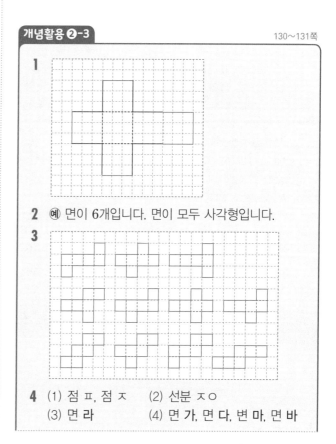

2 예 면이 6개입니다. 면이 모두 사각형입니다.

3

4 (1) 점 ㅍ, 점 ㅈ   (2) 선분 ㅈㅇ
(3) 면 라   (4) 면 가, 면 다, 변 마, 면 바

5 정육면체가 안 됩니다.
전개도를 접었을 때 겹치는 면이 있고 없는 면이 있기 때문입니다.

132~133쪽

표현하기

스스로 정리

1 직사각형 6개로 둘러싸인 도형을 직육면체라고 합니다. 직육면체에서 선분으로 둘러싸인 부분을 면이라 하고, 면과 면이 만나는 선분을 모서리라고 합니다. 또, 모서리와 모서리가 만나는 점을 꼭짓점이라고 합니다.

2 정사각형 6개로 둘러싸인 도형을 정육면체라고 합니다.

개념 연결

직사각형과 정사각형	네 각이 모두 직각인 사각형을 직사각형이라고 합니다. 네 변의 길이가 모두 같고, 네 각의 크기가 모두 같은 사각형을 정사각형이라고 합니다.
수직과 평행	두 직선이 만나서 이루는 각이 직각일 때 두 직선은 서로 수직입니다. 두 직선이 서로 수직일 때 한 직선을 다른 직선에 대한 수선이라고 합니다. 서로 만나지 않는 두 직선을 평행하다고 합니다. 평행한 두 직선을 평행선이라고 합니다.

1️⃣ 직육면체는 직사각형 6개로 둘러싸인 도형을 말해. 그림에서 색칠한 두 면은 계속 늘여도 만나지 않는데 이때 두 면을 서로 평행하다고 해. 그리고 이 두 면을 직육면체의 밑면이라고 하는 거야.
직육면체에는 평행한 면이 3쌍 있고 이 평행한 면은 각각 밑면이 될 수 있어.
또 직육면체에서 면 ㄱㄴㄷㄹ과 면 ㄷㅅㅇㄹ이 이루는 각은 직각인데 이처럼 직각으로 만나는 두 면을 서로 수직이라 하고 직육면체에서 밑면과 수직인 면을 옆면이라고 하지.

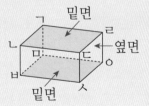

선생님 놀이

1 예

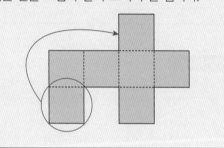

직육면체와 정육면체의 모서리를 잘라서 펼친 그림을 전개도라고 합니다. 이때 잘린 모서리는 실선으로, 잘리지 않은 모서리는 점선으로 나타냅니다. 직육면체나 정육면체를 자를 때는 면이 떨어지지 않도록 주의해야 합니다.

2 이 전개도를 접으면 정육면체가 될 수 없습니다. 왜냐하면 전개도를 접었을 때 면이 서로 겹치기 때문입니다.
겹치는 면을 그림과 같이 고쳐 주면 됩니다.

단원평가 기본

134~135쪽

1 나, 다, 라

2 면 ㄴㅂㅅㄷ, 면 ㄱㄴㄷㄹ, 면 ㄷㅅㅇㄹ

3 8개, 12개, 6개

4 7개, 9개, 3개

5 (1) 면 ㄱㅁㅇㄹ
(2) 면 ㄱㅁㅇㄹ, 면 ㄱㅁㅂㄴ, 면 ㄴㅂㅅㄷ, 면 ㄷㅅㅇㄹ

6 해설 참조

7 선분 ㅌㅍ(선분 ㅎㅍ), 선분 ㅌㅋ(선분 ㅎㄱ), 선분 ㅌㅅ

8 (1) 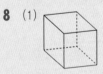 (2)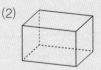

9 4개

10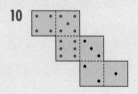

6

기억하기 140~141쪽

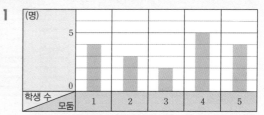

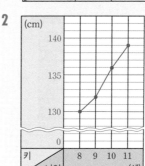

단원평가 심화 136~137쪽

1 아닙니다에 ○표
　　이유 **예** – 옆면이 직사각형이 아니기 때문입니다.
　　　　　　 – 밑면이 합동이 아니기 때문입니다.
　　　　　　 – 밑면이 평행하지 않기 때문입니다.

2 없습니다에 ○표
　　이유 전개도를 접었을 때 두 면이 겹치고 한 면이
　　　　　 없기 때문입니다.

3 7 cm

4 10 cm

5 ㉢, ㉤
　　이유 ㉢은 실선이 아니라 점선으로 그려야 합니다.
　　　　　 ㉤은 점선이 아니라 실선으로 그려야 합니다.

6 **설명** **예** – 정육면체는 모든 면이 정사각형으로 되
　　　　　　 어 있고, 직육면체는 모든 면이 직사각
　　　　　　 형으로 되어 있습니다.
　　　　　　 – 정사각형도 직사각형이므로 정육면체도
　　　　　　 직육면체라고 할 수 있습니다.

7 해설 참조

3 정육면체의 모서리 길이는 모두 같고, 모서리 12개의 길
　 이의 합이 84 cm이므로 한 모서리의 길이는
　 $84 \div 12 = 7$(cm)입니다.

4 보이지 않는 모서리 3개는 가로, 세로, 높이가 각각 1개씩
　 이므로 그 합은 $5 + 2 + 3 = 10$(cm)입니다.

7 **예**

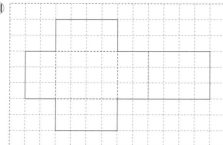

생각열기 ❶ 142~143쪽

1 (1) **예** 4~5개 정도 있습니다. 대략 고르게 맞춰
　　　 보면 4~5개 정도의 고리가 있는 것처럼 보이
　　　 기 때문입니다.
　 (2) 높이를 같게 하면 알 수 있습니다.
　　　 맨 왼쪽 고리 2개를 가운데로 옮기면 기둥 하
　　　 나에 고리가 4개 정도 걸렸다는 것을 알 수 있
　　　 습니다.

2 (1) 해설 참조
　 (2) **예** 바다네 모둠 친구들이 받는 것이 공평합니
　　　 다. 하늘이와 바다네 모둠 모두 40권씩 읽었지
　　　 만, 하늘이네 모둠 친구들은 5명이, 바다네 모
　　　 둠 친구들은 4명이 40권을 읽었기 때문에, 바
　　　 다네 모둠 친구들이 한 명당 읽은 책의 권수가
　　　 더 많다고 할 수 있습니다.
　 (3) 해설 참조

2 (1)

하늘이네 모둠	하늘	이정	나래	수민	정민	합계
	6권	9권	12권	5권	8권	40권

바다네 모둠	바다	진우	수림	우진	합계
	9권	8권	12권	11권	40권

(3) 각 모둠 내에서 친구들의 책의 높이를 똑같이 맞추면 하늘이네 모둠은 한 명당 8권, 바다네 모둠은 한 명당 10권 읽은 것으로 생각할 수 있습니다.

	하늘	이정	나래	수민	정민
하늘이네 모둠					

	바다	진우	수림	우진
바다네 모둠				

선생님의 참견

여러 자료를 대표하는 하나의 수치가 필요할 때가 있지요. 이런 수치는 어떻게 구할 수 있을까요? 크고 작은 자료를 고르게 하는 여러 가지 방법을 경험해 보세요.

개념활용 ❶-1

144~145쪽

1 (1) (위에서부터) 18, 21, 20 / 21, 20, 20
  (2) 구슬이 21개 들어 있는 망에서 18개 들어 있는 망으로 하나씩 옮기기
  (3) 20개
  (4) 120개
  (5) 120개의 구슬을 6개의 망에 고르게 넣어야 하므로 나눗셈식으로 구합니다.
     $120 \div 6 = 20$

2 (1) 해설 참조
  (2) 198만 원

3 (1) 3개
  (2) 해설 참조

1 (4) 각 망에 들어 있는 구슬을 모두 더해 구슬의 수를 셉니다.
    $18 + 21 + 20 + 21 + 20 + 20 = 120$(개)입니다.

2 (1) 반을 섞어서 버스를 탈 수 있으므로 반에 상관없이 학생 수를 고르게 나눌 수 있습니다.

모든 반의 학생 수를 더하면
$25 + 24 + 26 + 24 + 24 + 27 = 150$(명)입니다.
전체 150명을 6개 반으로 나누면, $150 \div 6 = 25$(명)이므로 한 반은 평균 25명입니다.
24인 버스를 고르면 6+1대가 필요하므로
7대×30만 원=210만 원
25인 버스를 고르면 6대×33만 원=198만 원
26인 버스를 고르면 6대×37만 원=222만 원
25인 버스를 선택하는 것이 교통비를 가장 많이 절약할 수 있는 방법입니다.

(2) 25인 버스를 고르면 6대×33만 원=198만 원이 필요합니다.

3 (1) 3회에 넘치는 2개를 2회와 5회에 하나씩 넣어주면, 4회에 3개를 넣었다는 것을 구할 수 있습니다.
  (2) 고리 던지기의 평균이 4회라면 1회에는 1개, 2회에는 2개, 5회에는 2개가 부족하고, 3회에는 1개가 넘치므로, 4회에는 평균인 4개와 다른 회에서 못 넣은 4개를 넣은 것이라고 할 수 있습니다.
     따라서 평균이 4개라면 4회에는 8개의 고리를 넣었다고 할 수 있습니다.

개념활용 ❶-2

146~147쪽

1 (1) 20개
  (2) 해설 참조
  (3) 4개

2 (1) 30번
  (2) 6번, 30번의 이단 뛰기를 5일 동안 넘었으므로 하루 평균 $30 \div 5 = 6$(번) 넘었습니다.

3 (1) 하늘이가 더 옳게 말했습니다. 왜냐하면 산이네 모둠 친구들의 수가 많아서 더 많은 점수를 딴 것일 수 있기 때문입니다. 평균을 구해 한 명이 몇 점을 득점했는지를 비교해야 공평합니다.
  (2) 두 모둠의 평균 점수를 구하면 강이네 모둠은 $12 + 30 + 24 = 66$(점), $66 \div 3 = 22$(점)
     산이네 모둠은 $20 + 13 + 14 + 21 = 68$(점), $68 \div 4 = 17$(점)
     강이네 모둠의 평균 점수가 더 높으므로 강이네 모둠이 이겼다고 할 수 있습니다.

1 (2) 20개를 5개의 접시에 똑같이 나누어 담아야 하므로, 한 접시에 담기는 초콜릿은 $20 \div 5 = 4$(개)입니다.

1 (1) 8점, 4점, 1점
　(2) ⑩ 강, 평균 점수가 제일 높기 때문입니다. 매회 점수가 가장 높았기 때문입니다.
　(3) ⑩ 바다, 평균 점수가 제일 낮기 때문입니다. 하늘, 점수가 점점 내려가고 있기 때문입니다.
2 (1) 가, 마, 다, 라, 나　　(2) 해설 참조
　(3) $\dfrac{1}{2}$　　　　　　　(4) $\dfrac{1}{2}$
　(5) 1　　　　　　　　　(6) 1

2 (2)

	불가능하다	아닐 것 같다	반반이다	그럴 것 같다	확실하다
가					○
나	○				
다			○		
라		○			
마				○	

선생님의 참견

우리 주변에서 어떤 일이 일어날 수 있는 정도를 어떻게 표현할까요? 절대로 일어날 수 없는 일도 있고, 반드시 일어나는 일도 있지만 일어날지 일어나지 않을지가 분명하지 않은 경우도 있지요.

1 (1) 강, 강이가 차는 골대가 더 크므로 골이 더 많이 들어갈 것 같습니다.
　(2) 강이가 이길 것 같습니다. 4개의 공을 더 차서 강이가 한 번도 못 넣고, 산이가 다 골을 넣는다고 해도 5:4이기 때문입니다.
2 해설 참조
3
4 (1) 해설 참조
　(2) 해설 참조
　(3) 해설 참조

2

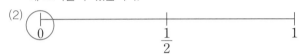

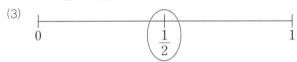

	불가능하다	아닐 것 같다	반반이다	그럴 것 같다	확실하다
친구와 가위바위보를 해서 이길 것이다.		○			
계산기에 1+1을 누르면 2가 나올 것이다.					○
3시에 시작하는 수업을 1시간 동안 듣고 나면 6시일 것이다.	○				
주사위를 던졌을 때 주사위 눈의 수는 짝수일 것이다.			○		

4 (1)

어딜 맞혀도 당첨이므로 당첨이 확실합니다. 따라서 1에 표시할 수 있습니다.

(2)

어딜 맞혀도 꽝이므로 당첨이 불가능합니다. 따라서 0에 표시할 수 있습니다.

(3)

전체에서 $\dfrac{1}{2}$ 부분이 당첨이므로 당첨될 가능성은 반반이라고 할 수 있습니다.

스스로 정리

1 평균은 각 자료를 대표하는 값으로 자료 전체의 특징을 하나의 수로 나타낸 값입니다.
$$(평균)=\dfrac{(자료의\ 합)}{(자료의\ 수)}$$
2 어떤 상황에서 특정한 일이 일어날 기대할 수 있는 정도를 가능성이라고 합니다.
가능성의 정도는 불가능하다, 아닐 것 같다, 반반이다, 그럴 것 같다, 확실하다 등으로 표현할 수 있습니다.

막대그래프	조사한 자료를 막대 모양으로 나타낸 그림입니다. 막대그래프에서는 수량의 많고 적음을 막대의 길이로 비교합니다. 이때 막대의 길이가 길수록 수량이 많고, 막대의 길이가 짧을수록 수량이 적습니다.
꺾은선그래프	수량을 점으로 표시하고, 그 점들을 선분으로 이어 그린 그래프입니다. 꺾은선그래프에서는 자료가 변화하는 모습과 정도를 쉽게 알아볼 수 있습니다. 그리고 조사하지 않은 자료의 값을 예상해 볼 수 있습니다.

1 막대그래프에서 각 자료가 나타내는 막대의 길이를 똑같아지도록 맞추면 그 길이가 자료의 평균이 되는 거야.
꺾은선그래프에서도 각 자료가 나타내는 점의 높이를 똑같아지도록 맞추면 그 높이가 자료의 평균이 되겠지.

1 강이가 기록한 점수의 합은 18점이고, 하늘이가 기록한 점수의 합은 16점입니다.
그런데 과녁을 던진 횟수가 다르기 때문에 점수의 합으로 비교하는 것은 어렵고, 평균을 계산해서 비교해야 합니다.
강이의 평균은 $18 \div 5 = 3.6$(점)이고, 하늘이의 평균은 $16 \div 4 = 4$(점)이므로 하늘이의 평균이 더 높습니다.
따라서 하늘이가 대표 선수로 적당합니다.

2

일	말로 표현하기	수로 나타내기
6 이하의 눈이 나올 가능성	확실하다.	1
짝수의 눈이 나올 가능성	반반이다.	$\frac{1}{2}$
홀수의 눈이 나올 가능성	반반이다.	$\frac{1}{2}$
10 이상의 눈이 나올 가능성	불가능하다.	0

– 주사위의 눈의 수는 1~6까지 있으므로 6 이하의 눈이 나올 가능성을 말로 표현하면 '확실하다'이고 수로 표현하면 1입니다.
– 주사위의 눈의 수 1~6 중 짝수의 눈 2, 4, 6이 나올 가능성을 말로 표현하면 '반반이다'이고 수

로 나타내면 $\frac{1}{2}$입니다.
– 주사위의 눈의 수 1~6 중 홀수의 눈 1, 3, 5가 나올 가능성을 말로 표현하면 '반반이다'이고 수로 나타내면 $\frac{1}{2}$입니다.
– 주사위를 던지면 10 이상의 눈은 나올 수 없으므로 10이상이 나올 가능성을 말로 표현하면 '불가능하다'이고 수로 나타내면 0입니다.

1 해설 참조 / 1700원
2 해설 참조 / 65 km
3 ㉣
4 (1) 42개
　(2) 해설 참조 / 주황색
5 (1)

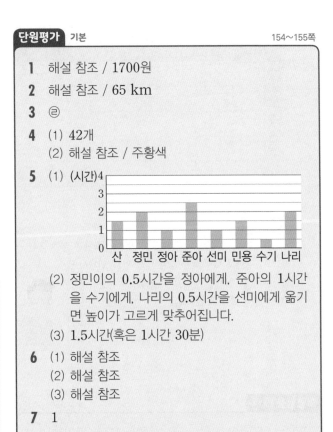

　(2) 정민이의 0.5시간을 정아에게, 준아의 1시간을 수기에게, 나리의 0.5시간을 선미에게 옮기면 높이가 고르게 맞추어집니다.
　(3) 1.5시간(혹은 1시간 30분)
6 (1) 해설 참조
　(2) 해설 참조
　(3) 해설 참조
7 1

1 월요일부터 금요일까지 5일 동안 받은 용돈은 모두 $1200 + 3000 + 2800 + 500 + 1000 = 8500$(원)입니다. 따라서 하루 평균 받은 용돈은 $8500 \div 5 = 1700$(원)입니다.

2 4시간 동안 260 km를 이동하였으므로 시간당 평균 $260 \div 4 = 65$(km) 이동했습니다.

3 흰 공보다 파란 공이 더 많이 남아 있는 상황입니다. 따라서 바다는 흰 공보다 파란 공을 뽑을 가능성이 더 높습니다. 그러므로 바다가 백팀일 가능성을 설명하면 ㉣ 아닐 것 같다입니다.

4 (1) 각각의 봉지에 들어 있는 초코볼의 개수를 모두 구하면 42, 49, 42, 35, 42개입니다. 모든 봉지에 들어 있는

초코볼의 수를 구하면 210개입니다. 따라서 한 봉지당 들어 있는 초코볼의 평균은 210÷5=42(개)입니다.

(2) 30개÷5봉지=6개, 빨간색, 초록색 초코볼은 한 봉지당 평균 6개 들어 있습니다.
45개÷5봉지=9개, 주황색 초코볼은 한 봉지당 평균 9개 들어 있습니다.
35개÷5봉지=7개, 노란색, 파란색, 갈색 초코볼은 한 봉지당 평균 7개 들어 있습니다.
한 봉지에 주황색 초코볼이 평균 9개로 가장 많이 들어 있습니다.

5 (3) 막대그래프의 높이를 일정하게 맞추면 평균을 구할 수 있습니다. 일정하게 맞춘 막대그래프의 높이가 나타내는 시간은 1시간 30분입니다. 따라서 산이네 모둠 친구들은 책을 한 명당 평균 1.5시간 읽었습니다.

6 (1)

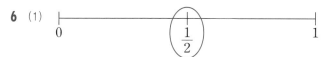

동전의 앞면과 뒷면이 나올 가능성은 각각 반반이므로, 바다가 이길 가능성은 반반입니다. 따라서 수로 나타내면 $\frac{1}{2}$입니다.

(2)

앞면이 나와도, 뒷면이 나와도 바다가 이긴다면, 하늘이는 이길 수 없습니다. 따라서 하늘이가 이길 가능성을 수로 나타내면 0입니다.

(3)

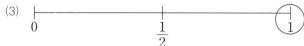

앞면이 나와도, 뒷면이 나와도 바다가 이긴다면, 바다는 항상 이깁니다. 따라서 바다가 이길 가능성을 수로 나타내면 1입니다.

7 제비뽑기에 들어 있는 제비가 10개 모두 당첨이므로 어떤 제비를 뽑아도 당첨입니다. 가능성을 수로 나타낼 때는 '불가능하다'를 0으로, '확실하다'를 1로 표현하므로, 당첨될 가능성을 수로 나타내면 1입니다.

단원평가 심화   156~157쪽

1 (1) 9개   (2) 16개
2 해설 참조 / 132 cm
3 해설 참조 / 파란색
4 (1), (2) 해설 참조

---

1 (1) 강이가 먹은 귤의 평균이 5개라면 월요일부터 일요일까지 7일 동안 먹은 귤의 합은 5×7=35(개)입니다. 월요일, 화요일, 목요일, 금요일, 일요일에 먹은 귤의 수는 6+5+3+6+6=26(개)이므로 수요일과 토요일에 먹은 귤의 합은 35−26=9(개)입니다.

(2) 강이가 먹은 귤의 평균이 6개라면 월요일부터 일요일까지 7일 동안 먹은 귤의 합은 6×7=42(개)입니다. 월요일, 화요일, 목요일, 금요일, 일요일에 먹은 귤의 수는 6+5+3+6+6=26(개)이므로 수요일과 토요일에 먹은 귤의 합은 42−26=16(개)입니다.

2 각 모둠 학생들의 키를 합하면
1모둠은 125×4=500(cm),
2모둠은 130×7=910(cm),
3모둠은 139×5=695(cm),
4모둠은 132×6=792(cm),
5모둠은 133×7=931(cm)입니다.
하늘이네 반 학생들의 키를 모두 더하면
500+910+695+792+931=3828(cm)입니다.
3828을 전체 학생 수인 29(명)로 나누면
3828÷29=132(cm)입니다.
따라서 하늘이네 반 학생들 키의 평균은 132 cm입니다.

3 빨간색, 노란색, 파란색 중 $\frac{1}{2}$보다 가능성이 큰 가장 큰 칸은 빨간색, 남은 두 색 중 노란색보다 파란색을 더 쉽게 맞히게 만들자고 하였으므로 파란색이 남은 두 칸 중 더 넓은 칸입니다. 따라서 ㉠에 들어갈 색깔은 파란색입니다.

4 (1)

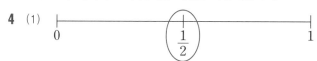

주사위에서 4 이상의 수는 4, 5, 6입니다. 주사위에서 나올 수 있는 눈의 수 6개 중 절반이므로 강이가 이길 가능성을 수로 나타내면 $\frac{1}{2}$입니다.

(2)

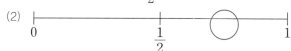

주사위에서 2 이상의 수는 2, 3, 4, 5, 6입니다. 주사위에서 나올 수 있는 눈의 수 6개 중 절반인 3개보다 더 많으므로 강이가 이길 가능성을 수로 나타내면 $\frac{1}{2}$보다 크고 1보다 작습니다. 따라서 $\frac{1}{2}$과 1 사이에 표시하면 됩니다.

수학의 미래
초등 5-2

지은이 | 전국수학교사모임 미래수학교과서팀

초판 1쇄 인쇄일 2021년 7월 26일
초판 1쇄 발행일 2021년 8월 2일

발행인 | 한상준
편집 | 김민정 강탁준 손지원 송승민 최정휴
삽화 | 조경규 홍카툰
디자인 | 디자인비따 한서기획 김미숙
마케팅 | 주영상 정수림
관리 | 양은진

발행처 | 비아에듀(ViaEdu Publisher)
출판등록 | 제313-2007-218호
주소 | 서울시 마포구 월드컵북로6길 97 2층
전화 | 02-334-6123   **홈페이지** | viabook.kr
전자우편 | crm@viabook.kr

ⓒ 전국수학교사모임 미래수학교과서팀, 2021
ISBN 979-11-91019-18-6 64410
ISBN 979-11-91019-08-7 (전12권)

- 비아에듀는 비아북의 교육 전문 브랜드입니다.
- 이 책은 저작권법에 따라 보호받는 저작물이므로 무단 전재와 복제를 금합니다.
- 이 책의 전부 혹은 일부를 이용하려면 저작권자와 비아북의 동의를 받아야 합니다.
- 잘못된 책은 구입처에서 바꿔드립니다.
- 책 모서리에 찍히거나 책장에 베이지 않게 조심하세요.
- 본문에 사용된 종이는 한국건설생활환경시험연구원에서 인증받은, 인체에 해가 되지 않는 무형광 종이입니다. 동일 두께 대비 가벼워 편안한 학습 환경을 제공합니다.